30天，
手把手教你变
白瘦美

羊小毛 著

广东旅游出版社
GUANGDONG TRAVEL AND TOURISM PRESS

中国·广州

图书在版编目（CIP）数据

30天，手把手教你变白瘦美 / 羊小毛著. —广州 ： 广东旅游出版社，2015.8
ISBN 978-7-5570-0140-7

Ⅰ．①3… Ⅱ．①羊… Ⅲ．①美容－基本知识 ②减肥－基本知识 Ⅳ．①TS974.1 ②R161

中国版本图书馆CIP数据核字(2015)第155831号

策划编辑：雷腾
责任编辑：雷腾　张晶晶
封面设计：王玉美
装帧设计：谢晓丹
责任技编：刘振华
责任校对：李瑞苑

30天，手把手教你变白瘦美
30TIAN, SHOUBASHOU JIAO NI BIAN BAISHOUMEI

出版发行：广东旅游出版社

地址：广州市天河区五山路483号华南农业大学公共管理学院14号楼3楼
邮编：510642
邮购电话：020-87348243
广东旅游出版社网站：www.tourpress.cn
深圳市希望印务有限公司印刷
（深圳市坂田吉华路505号大丹工业园二楼）
开本：889毫米×1194毫米　　1/24
印张：$4\frac{2}{3}$
字数：30千字
版次：2015年8月第 1 版
印次：2015年8月第 1 次印刷
印数：1-5000册
定价：29.50元

不一定能助你逆袭成功，但告诉你关于变美的一切，除了整容之外。

CONTENTS
目 录

Chapter 03

41 让肌肤时刻像水一样滋润

Chapter 04

55 化妆是门技术活儿

CONTENTS
目 录

从现在起，
你也可以成为**白瘦美女神**

　　2014年3月的某个下午，突发奇想在豆瓣的"形象工程小组"发了一个关于女孩子怎样保养自己的帖子，没想到第一次发帖就获得了超高的点击率和回帖率。在收到了大家源源不断的私信和回帖后，深深觉得有必要写这样一本书，送给那些没有把变美当成与吃饭刷牙一样理所当然的事情的妹子们。

　　从小到大身边不缺白瘦美那种女神，在中国传统的审美观甚至今天的审美观里，女神都应该是身材高挑、皮肤细腻、发质柔滑的女子。不论你是韩式的平眉红唇黑发还是日系的嘟唇大眼棕发，女神的必备条件总是一样的，那就是尽量做到各方面都完美。

　　女神总是在方方面面包括细节上追求完美，你如果没有完美的身材，健身房和营养食谱可以帮你获得；你如果没有白嫩的皮肤，防晒加内调可以让你越来越白。

　　针对自己的问题逐个击破，你也可以成为白瘦美女神。

　　我有太多太多想对那些自称"活得粗糙的女汉子"的妹子们说的话，尤其想对喜欢标榜自己清水洗脸什么都不擦的妹子说：这并不是一种好的生活方式。

　　现代社会已经有太多的空气污染、水污染、光污染，爸爸妈妈他们老一辈也许一辈子都习惯这样的皮肤管理方式，但是他们年轻时没有每天8小时以上都对着电脑和手机屏幕，也没有多少雾霾和汽车尾气，而今天的我们不一样。

　　有些妹子喜欢一边吃零食一边油腻着脸看韩剧，以为那就是爱情就是生活，其实现实里你身边并没有无身材、无漂亮脸蛋、无学识的普普通通甚至痴傻呆妹子被高帅富欧巴（来自韩语，"哥哥"的意思）追求，就算你喜欢看包装华丽的韩剧，你也要顺便学习一下人家是怎么搭配衣服又是如何用合适的衣服去表现自己想表现的气质的。

　　在我的青春期，我几乎可以说是不美、又丑又胖，那个时候的自己自卑又习惯于自我麻痹，喜欢活在自己幻想的世界里，但是当现实显现得越来越残酷时，越发现自己的可笑。

我的第一本美容启蒙书是大S的《美容大王》，在这本书中我发现了丑女人成功翻身的秘密，那就是勤劳。

我们总习惯于欣赏甚至羡慕嫉妒恨别人的美貌，但有些女神是天生的，那是一种天赋，就像出身和性别我们没有办法去选择一样。然而，除了天赋美之外，也有一种变美的途径，那就是去修炼。有的女神是后天的，她比天生的女神更加令人钦佩。于是后来我潜心钻研各种瘦身方法，翻美容博客，读时尚杂志，揣摩明星穿衣，逛街试用购买各种美妆品，这些成了我的乐趣和习惯，造就了现在的我。

\2007年的我/

我从来没有自称过女神，但是我会和你一起向我们心中的那个女神努力靠近，这就是我要教会亲爱的你的最重要的一点。

你没有时间看名目繁多的时尚杂志学穿搭？没有关系。你没有精力翻各种美容达人博客学护肤？没有关系。你没有兴趣去试用琳琅满目的化妆品以寻求最优性价比的产品？没有关系。你最害怕花了金钱用错误的瘦身方法伤害了身体？也没有关系。我会以亲身经验告诉你什么是最有效的瘦身方法，教你怎样去给皮肤做美白和保湿的保养，挑选性价比最高的化妆品，教你怎样穿衣最显瘦。

翻开这本书，和我一起努力向女神靠近吧。从现在起，你也可以成为白瘦美！

\2013年的我/

Chapter 01

成为白瘦美女神
首先就要白！白！白！

"一白遮百丑"这句话真的被说烂了，其实西方人喜欢的小麦色和非洲人的黑色皮肤也很漂亮，尤其在搭配荧光色的时候简直美死了，但是对于中国人的审美来说，不管是哪个女神，好皮肤的前提一定是白、透、亮。

所以，要想成为人人都爱的白瘦美女神，必须要先白起来。

说白了，我们就是用两种途径来美白：

· 一种是防止肌肤形成黑色素，

+

· 另外一种是抗氧化而减少黑色素的形成。

首先要明确美白是一个很漫长的过程，并不是像广告说的那样一夜或者一周就可以看见效果，因为皮肤自身需要一个新陈代谢的过程。我们都知道皮肤黑是因为皮肤色素细胞产生了黑素，黑素小体的多少、大小和降解方式都决定了皮肤的黑白差异。所以美白其实是一个对抗黑色素的过程。

另外如果你刚过完一个夏天或者刚度完假回来发现被晒黑了，这个时候千万不要抱着"破罐子破摔"的想法不再继续做防晒工作，也不要急着去用美白产品马上去美白，就是说第一种防止黑色素形成的习惯应该坚持保持，第二种代谢黑色素的进程不需要立刻开始，因为黑色素生成和代谢都需要一段时间。

要美白，防晒才是王道

不知道妹子们有没有发现身边越是长得白的姑娘越是怕晒，除了全身涂防晒霜以外，还恨不得出门就把自己包裹起来只露出一双眼睛（甚至眼睛也用太阳镜做防护），看到她们这样，我们往往很不服气：你都这么白了为什么还这么怕晒？你让本来就这么黑的老娘情何以堪？！于是我们继续破罐子破摔，以懒得涂防晒霜为借口逃避防晒，于是晒黑的妹子继续黑下去一路不复返，白的妹子继续防晒，继续白下去……

所以，不管妹子你有没有晒黑，一定要继续坚持防晒，现代的气候环境已经和从前不一样，紫外线越来越恶毒，对抗紫外线也就是对抗肌肤衰老，所以一定要学会保护自己的肌肤不受紫外线伤害。除了没有太阳辐射的夜晚，任何时候都需要防晒，现在所有的化妆品几乎都带防晒功能，连有些保养日霜都带防晒值。夏天选择防晒霜的话我会选择SPF超过50，PA超过三个+的防晒霜，基本半天补涂一次就可以了，冬天的SPF30就足够了。

防晒霜从防晒剂的角度来说，既有利用物理防晒剂（物理防晒剂即含矿物质微粒子，呈片状来反射紫外线）防晒的，也有利用化学防晒剂（化学防晒剂可以自身吸收一部分紫外线）防晒的。物理防晒霜适合皮肤敏感一些的肤质，很少产生过敏现象，日系防晒霜多采用物理防晒剂。化学防晒剂多用于欧美系防晒霜，而现在也有很多防晒霜是通过物理防晒剂和化学防晒剂结合起来达到防晒目的。

防晒霜要在护肤步骤前、化妆步骤后、出门20分钟前涂，根据防晒剂的防晒值隔三四个小时补涂一次。而身体上的防晒用防晒喷雾比较方便，可以节省时间。

推荐几款好用的防晒霜

左：BANANA BOAT香蕉船运动喷雾SPF100（美国）

右：资生堂ANESSA安奈晒BB霜SPF50+PA+++（日本）

安奈晒BB霜，质地比较厚，遮瑕效果比较好，安奈晒防晒霜系列做得比较出名。

BANANA BOAT的防晒喷雾适合户外或者度假使用，达到100倍的防晒值让我很有安全感，喷雾质地不用涂抹，省时省心。

还要有一些防晒装备

第一，一定要有一把防晒伞。防晒伞要选择黑色伞布，其吸收光线的能力比银色和其他颜色的伞布能力都要强，还要注意伞布的透光性，要挑选厚一些的伞布。

第二，太阳镜也是必置的装备。除了可以防止紫外线晒到眼睛引起不适之外，更可以保护眼部周围娇嫩的肌肤不受紫外线的侵害。在开车和出去游玩的时候尽量穿防晒服和套上防晒袖，戴防晒帽。总之，防晒效果最好的就是衣服，其次是伞和防晒霜。

那么，在夏季出去度假或者游泳等情况下怎样做晒后保养工作呢？

一定不要马上去敷美白面膜和使用带有美白成分的产品，要选用温和的补水措施。芦荟胶敷脸是一个不错的选择，现在芦荟胶有很多牌子可以选择，可以将芦荟胶放进冰箱里冷藏再敷脸，这样可以给肌肤起到降温的效果。芦荟胶敷脸15分钟后用清水洗掉再涂补水效果的面霜即可，如果肌肤晒伤的话应该去皮肤科及时治疗，不应该再化妆和用温度较高的水来洗脸。

GNC99%芦荟胶（美国）

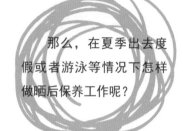

DAISO大创不织布口罩（日本）

还有一些妹子经常私下问我在冬天怎样防晒、要不要打防晒伞。其实冬天不必打伞，可以根据情况来戴墨镜。如果是在寒冷的北方，担心日晒强烈的话，我建议使用的防晒装备是一次性口罩，现在日本一些牌子的一次性口罩做得非常贴合面部，而且干净卫生。在冬天戴口罩不仅可以防晒，更可以防雾霾，净化吸入的空气，同时可以保护脸部不受寒风吹到，避免产生肌肤干燥问题，可谓一举多得。

戴口罩的我

DIY "口服美白针"

从我们出生开始，我们身体生长出自由基并且逐渐衰老，像一个切开的苹果随着时间变化慢慢变成褐色那样，我们的皮肤和器官也会随着时间的推移慢慢变衰老。人体生长出自由基是顺应自然发展的，但是同时身体又会产生一些对抗自由基的抗氧化物质，所以说，要想对抗自由基，我们就要拥有一个健康的抗氧化系统。我们的抗氧化能力越强，我们就越不容易衰老，皮肤也会保持年轻的白皙和光彩。

肌肤氧化的罪魁祸首有很多，

· **除了日晒还有环境**
＋
· **作息不健康**

都会引起肌肤自由基泛滥，导致

皮肤泛黄、衰老、长斑，

所以要美白**最根本的手段**
就是抗氧化。

究竟怎样抗氧化呢？首先，抽烟和饮酒会引发自由基泛滥，现代生活虽然压力大，但是为了保护皮肤，抽烟、饮酒实在不值得，还不如去健身房跑一个小时来减压来得实际，肯定对皮肤好。其次，辐射和空气污染会引发自由基的产生，另外在生活中的化学药品的污染也会产生自由基，所以你的生活环境决定了你的皮肤。在国内的中部地区和高原地区的妹子们皮肤多是干燥的，而生在江南水乡的妹子皮肤

每抽一支烟会产生 10,000,000,000,000,000 个自由基！

总是水灵灵的。如果你所处的环境对你的皮肤并不利，那我们只能去想办法来创造一个对皮肤好的环境来。

美白针就是利用其有效成分进行清除自由基以达到抗氧化美白的效果。现在医学美容已经非常普遍，明星去打美白针已经不是什么稀奇的事情，但是美白针的花费动辄上万，而且还需要定期补打，对于有肾功能衰弱和身体虚弱的妹子来说，打美白针易伤害身体。但是当我们创造了一个对皮肤有利的抗氧化环境时，比如能摄入足够的抗氧化剂，皮肤也就会越来越好越来越白了，日常饮食当中常见的抗氧化剂有维生素P、维生素E和维生素C等等，下面我就针对不同的抗氧化剂推荐一些抗氧化产品和食物，让我们在日常生活中有选择性地给肌肤抗氧化美白，就像把美白针的成分直接变成口服的一样，既安全又省钱。

谷胱甘肽+硫辛酸

GNC 硫辛酸（美国）

　　市面上美白针的成分主要由以下几种成分组成：传明酸（Tranexamic Acid或transamin，又称氨甲环酸）、谷胱甘肽（glutathione，r-glutamyl cysteingl +glycine，GSH）和硫辛酸（alpha lipoic acid）以及维生素C。其中有效成分是谷胱甘肽和硫辛酸。谷胱甘肽具有非常好的抗氧化作用，与维生素C一起服用可以发挥最大功效，每当觉得肌肤状态不好或者因为长时间熬夜作业而皮肤泛黄时，我会挑选两个月的时间集中服用谷胱甘肽和维生素C，可以有效地排毒和美白。口服保健品虽然见效慢、没有吊瓶注射见效快，但是安全，可以挑选2~3个月的时间（最好是日晒比较少的秋冬季节）进行集中美白，其间注意肌肤的保湿补水，应同时使用含有美白成分的化妆品。

GNC 谷胱甘肽（美国）

维生素P（生物类黄酮）

维生素P大量存在于水果中，其中原花青素（OPC）是一种最有效的生物类黄酮，抗自由基的能力效果是维生素E和C的几十倍之多。富含原花青素的天然食材有葡萄（葡萄皮和籽含量较多）、蓝莓、樱桃、紫薯、甘蓝等紫色蔬果里。所以妹子们平时一定要多吃这些紫色的蔬果哦，在熬夜或者特殊环境下没办法好好作息摄取维生素P，我会每天吃1粒葡萄籽胶囊和1粒VC胶囊（因为维生素P和维生素C在一起具有协同作用，人体一起吸收时抗氧化效果最强）。

GNC葡萄籽胶囊300mgx100粒（美国）

维生素E

维生素E也是一种有效的抗氧化剂，多存在于蔬果、谷类、坚果、肉类和植物油中，所以不要为了瘦身和节食而不摄入油类和主食，这样反而会得不偿失。

维生素C

维生素C是非常重要的抗氧化剂并且广泛存在于蔬果当中，在疲倦的时候我经常会喝一杯橙汁补充维生素C，其实日常所需VC成分多吃水果就可以补充。在不方便吃水果的时候或者疲劳的时候可以适当吃VC胶囊，VC胶囊的原料很重要，要选择天然提取的，例如从玫瑰果、橙子、樱桃等水果中提取的天然VC，不要贪图便宜去买人工合成的VC胶囊或者片剂喔，因为人工合成的VC多是化工原料合成的，对身体反而有害。

Nature's Way 维生素C1000mg（美国）

我们都希望越吃越白——食补美白

美白说到底，既要白也要透亮，否则皮肤如白纸般白却无血色无活力就不是真正漂亮的肌肤。我们经常喜欢去问那些"童颜"常驻的星星们是如何做到保持这么年轻的，他们的回答经常是千篇一律：规律作息，多喝水，多做运动，吃健康食物，保持良好心态……难道就只是这些了么？没有别的秘诀了么？

是的，就是这些，我很多朋友认识的明星有好肌肤的都是遵循这种被说烂了的生活方式。说实话，在这个节奏越来越快的年代，要想全部做到这些真的不是一件容易的事情。考试加班熬夜也许我们不能控制，但是我们日常摄入的食物是可以选择的。有些食物虽然不会起到明显越吃越白的神奇效果，但是会让肌肤特别有光彩，下面就介绍一些越吃会让皮肤越好的食物并推荐一些食用方法。

牛奶

AGF新茶人宇治抹茶煎茶粉（日本）

牛奶是最常见的饮品，牛奶具有较高的营养价值，是一种全价蛋白质食品。有些国人天生的乳糖不耐对牛奶不吸收，可以选择喝豆浆。牛奶富含多种维生素和营养，可以让肌肤变得又嫩又白，在选择牛奶产地的时候因为国内的奶源比较混乱，质量参差不齐，所以尽量选择进口奶源，欧洲和澳洲的都可以。

抹茶牛奶

相信不少人都是"抹茶控"。抹茶即杀青研磨后的绿茶粉，具有抗氧化、美容的功效。我会选择进口的日本抹茶粉放入牛奶中一起喝，是一道美白佳饮呢。

自制抹茶牛奶

做法

将一勺抹茶粉加入牛奶中，夏天可以加冰块达到冰镇的口感，可以放少许砂糖调味；冬天可以将抹茶粉放入热牛奶中，既暖身又美容。

豆浆

豆浆含天然的雌激素，是女生的恩物。前一阵子有一则新闻报道说一名中年男子将豆浆当水喝导致雌性激素分泌过旺，胸部长到了D罩杯，让人发笑的同时又让我们意识到了豆浆对丰胸的神奇效果。多喝豆浆不仅可以丰胸，皮肤还会更加亮泽。现在有些早餐店所卖的豆浆并不是真正的鲜榨豆浆而是豆浆粉冲调的，所以最好喝自己在家鲜榨的豆浆。

做法

将薏米和黄豆泡好，用豆浆机打成豆浆即可。

薏米豆浆

薏米具有非常好的美白效果，同时还排水肿利于瘦身。现在有很多可以冲调的薏仁粉在买，但是纯度参差不齐，还是建议直接买薏仁泡着煮水喝或者做成这款美容饮品，薏米加豆浆既美白又亮白哟。

随着食品科技越来越发达，现在还有浓缩提炼的一包包的红豆水和薏米水供选择，是粉状的分成小包，可以用热水冲或者加到牛奶里面去，平时上班上课直接冲制比较方便。它过滤了原料淀粉，热量更低，是瘦身期间最佳的美白饮品。

薏米

上文提到了是非常好的美白排水肿圣品，还可以祛斑、防止脱发，更有瘦脸的效果。在种类上红薏米比白薏米更加有营养价值，因为红薏米未去掉其种子种皮。薏米可以做粥、煲甜品、做米饭或者直接煮水当饮料喝。因为薏米不太容易熟，所以经过长时间的浸泡才能煮熟。薏米性寒凉，有可能对胃有刺激，也不适合经期饮用。

薏米红豆水

薏米因为性寒凉所以适宜和其他种类的原料一起煮制，像红豆就是非常合适的食材。红豆同样有去水肿的功效，它还含有丰富的铁元素，让气色更加红润，加上薏米的美白效果，是个人非常推荐的饮品。

做法

将薏米和红豆泡软煮烂即可，可稍微放些冰糖或者红糖。

显白的穿衣颜色挑选技能GET^① √

除了前面说到的内调外养美白，在平时的化妆和穿衣时都可以利用挑选颜色来显得更加白皙。因为每个人的发色、肤色甚至是瞳孔颜色都不同，所以我们需要按色彩类型来挑选合适自己的颜色，让肤色看起来更加健康、显白。

◎明确你是哪种色彩类型的人

首先，你要明确自己是属于哪种色调的人。传统的四季型人说法会因为我们染发、戴美瞳、化妆等改变了我们自身的色彩所以比较难以参考，我将这种色彩类型分为两类：一种是暖调，一种是冷调。两种色调的特征是以日常最多出现的形象为主，如果化妆染发等要以在化完妆、染色后的头发、戴完美瞳后的形象为准。

暖调女生特征	冷调女生特征
黄色棕色茶色系头发（不分本来发色和染发），如果不戴美瞳的那么她的裸眼瞳孔偏浅，如果戴美瞳是戴黄色棕色巧克力颜色的美瞳，用完粉底液上完底妆后脸色仍然偏黄调或者红调、身上其他部位如手部腿部等颜色偏黄，唇膏涂橙色会被夸有气色，涂鲜艳的玫红色口红会显脸色灰暗。	黑色系灰棕色系头发（不分本来发色和染发），如果不戴美瞳裸眼偏深，如果戴美瞳戴黑色灰色深棕色系的美瞳（有的瞳色深的裸眼即使佩戴浅色系的美瞳也会显得颜色深），用完粉底液后脸色比较苍白，皮肤薄可以看出血管、肤色带有蓝色调，涂粉色唇膏即使是比较明艳的玫红脸色也不会暗黄。

注①：标题中GET是"学到"的意思。

我是典型的暖调人，如果染发我会选择棕色系，美瞳会选择巧克力色，唇膏也会选用橙色系

◎两种色调的妹子适合的彩妆颜色

底妆

每个牌子的粉底的代表色号都不一样，但是大概有几种颜色的分类，亚洲彩妆品牌的粉底液会根据亚洲人的肤色将粉底液分成几个类别，偏黄、偏粉和中间色等。暖色调的女生适合偏黄的粉底液颜色或者偏粉的粉底液颜色，可以挑选比肌肤颜色更白一些的粉底液让脸色更加柔和；冷色调的女生适合蓝色调的或者中间调的粉底，适当挑选比肌肤颜色更白一些的色调让脸色更加有光彩。

眼部

暖色调的女生适合棕色系、大地色系的妆容，眉毛应选用深棕色咖啡色系的产品（眉毛的颜色要具体以发色为准，要比发色稍微浅一些但是要保持一致，例如棕色头发用灰色涂眉毛就会显得很怪异），想要显得更加温柔可以用棕色的眼线笔画眼线。冷色调的女生适合灰色系妆容，眉毛选用深灰色或者黑色的产品色，眼线应用黑色，会显得更加分明，有气质。

唇颊部

暖色调的女生适用橙色系或者裸色系的唇部产品，会显得更加有气色，腮红也适合用橙色、橘色系。冷色调的女生适合粉色、玫粉色系的唇部产品，偏冷色调的红色也会让人显得非常有气质。红色和玫瑰色系是比较传统的唇膏颜色，无论是暖色调女生还是冷色调女生都可以尝试。至于带亮晶晶效果的唇部产品和偏紫调的颜色，皮肤黑的妹子就要慎用了，看起来会显得老气。

◎ 两种色调的妹子适合的服装颜色

暖色调女生尽量挑选带有驼色调、黄色调、橘色调的衣服，会使脸色看起来更加明亮，挑选白色的内搭、围巾或者米色的内搭、围巾会有衬托肤色的效果。挑选其他冷色调的颜色时可以挑选偏淡的颜色，会让气质更加明媚，例如现在比较流行的baby蓝、马卡龙粉等。冷色调的女生比较适合黑白灰等颜色较鲜明突出的颜色，颜色越正越浓越会显得有个性，比如挑选白色的衣服时，纯白色会比米白色让人看上去更加有气质、显白。

几年前有一本很畅销的书叫做《秘密》，作者Rhonda Byrne认为宇宙间遵循一个神奇的规律——"吸引力法则"，简单来讲就是你想要一件东西就去对着宇宙呼唤，对宇宙感恩，然后去做，就好像拥有了你梦想中的东西一样，这样宇宙就会听见你的声音，慢慢地将你呼唤的东西送到你身边。这个吸引力法则同样可以用到我们的变美的事业里，请妹子们在面对诱惑的时候不要说我好胖我要减肥我不要吃，而是说：我要瘦，我要变美，我要拥有大胸、蜂腰、筷子腿。

我要瘦，我要变美，我要拥有大胸、蜂腰、筷子腿。

为了这一项伟大的变美工程，也为了
众多在食物面前严守不住防线的"吃货"
们，我们首先来聊聊面对食物的态度。记
住，你在呼唤宇宙，你把自己当作一个瘦
子，你要做瘦子应该做的事。

Chapter 02

如何成为一个
身材苗条的妖孽

吃货也要高 Level

　　身为从原始人类进化而来的现代人，每个人都逃不开一个"吃"字，除了那些天生肠胃不好的人，爱吃几乎是所有人身上非常正常的现象，不必自责。然而，我们不得不承认瘦穿衣服才漂亮，脸小才上镜，哪个明星和麻豆（模特的时尚称谓，Model 的音译）在屏幕上不是骨瘦如柴？哪个明星脸肿了都要被娱乐新闻报道好几天？

　　现在几乎每个妹子都恨不得自己变成像一片面巾纸那样又白又瘦，我身边就有一个这样的范例。

　　我有一个妹妹在读大学，学的专业是职业麻豆，和她的小姐妹们每天为了拍片上镜更好看更瘦便饿得死去活来。这倒不是说我们女生每天要像专业麻豆一样以黄瓜和生菜饱腹走路都飘着走，毕竟我们要有体力和精力进行正常的学习和工作，但是我们一定要有专业麻豆的精神——把瘦身当作事业，不好好经营事业（瘦身合理饮食），明天就会失业（身材失调没有漂亮衣服可以穿，情绪低落工作业绩平平，男人远离你），据说男人喜欢你的程度和你在体重秤上的数字成反比。也许有妹子会说我肥我可爱、我有自己独特的魅力。也许你是 Adele（英国流行歌手），但是请你看看刚出道的张惠妹和她肥到只能穿一身黑色大罩衫的样子，那样真的不美。在这个以瘦和好身材为美的时代，我们不得不承认，瘦是时尚和美丽的前提。你瘦了，有好看的衣服穿，自信和美丽会笼罩着你，你也就能拥有女神的气场，你会活得更加漂亮，这种事情一向都是密切相关的，那么为了瘦去做一点牺牲也无妨。

　　现代的食品制造由于科技的进步变得越来越追求可口和便捷，快速食品和快餐霸占了超市和餐桌。食物确实越来越美味了（但是这种美味往往是人工调味料调制出来的），由于添加剂防腐剂和制作工艺的原因，食物的卡路里也越来越高，营养成分也越来越低。

　　说白了，我们常见的、常吃的是人合成的"食品"而不是自然赋予我们的"食物"，也许你觉得用一包苏打饼干和一瓶所谓冠以"乳制品"名称的饮料加起来就是一顿营养丰富的早餐，但是事实上是你吃了大量的添加剂和防腐剂。正常情况下食物在空气中因为接触到空气中的微生物，在自然条件下会很快腐烂，但是为了保存食物，我们人类学会了在食物里添加防腐剂，这样食物就更加容易保存和销售。我们在超市或者便利店里看见的食品几乎都是这样制成的，那些声称含有天然水果成分的果汁，往往是浓缩果汁加上纯净水和白砂糖，水果的成分微乎其微；花样繁多的泡面，其实是添加防腐剂最多的油炸面食品；我们小时候喜欢吃的果冻其实也都是用明胶和各种食物添加剂混合在一起制作的，可以说不会给身体提供什么营养。

况且添加了防腐剂的并不像天然的食物被身体吸收和消化，长时间食用"超市食品"就会营养不良，而且长期吃浓油赤酱或者含大量添加剂的食物会让你的味蕾敏感度退化，自然就不会再品尝到食物真正的味道。像蜜饯类的食物添加了太多工业的调味剂，例如糖精，食用糖精之后由于其不能供给相等白砂糖供给的热量，人的身体自然就会寻求更多的食物，反而会让我们吃得更多，而且蜜饯的原材料并不是最新鲜的，品质更加堪忧——所以，与其去吃蜜饯类，还不如去吃新鲜的水果。

有机会一定要自己去选择天然有机的食材煲一煲汤，不加任何调味品，尝尝食物天然的味道。发现这一切的原因在于我在广东上了4年的大学，深切体会到了广府人的饮食文化：注重食物的"原味"。例如广东的老火汤，滋补又美容，味道鲜美，保留了食物最精华的味道。

学会自己煲汤，慢慢你便会爱上食物天然的味道，不再喜欢添加味精和调味料的食物。顺应了自然，宇宙自然会回报给你健康的身体。不要被饼干蛋糕油炸泡面的"人工美味"所迷惑，作为一个到处声称自己是吃货的人，就要懂美食，会品尝美食，哪有美食家是喜欢吃快速食品和垃圾食品的呢？喜欢窝在沙发上当一颗"土豆"边大嚼垃圾食品边看电视的人并不是高端的吃货，想做一个高"level"（水准）吃货的同时还能保持身材，首先要明确一个原则：要对自己吃下去的每一口食物负责。

要对自己吃下去的每一口食物负责。

黄豆猪脚汤，富含胶原蛋白，美容又丰胸

怎样养成瘦子的饮食模式

前一节我们说到要对吃下去的每一口食物负责，其实也是对自己的身体负责，满脸油脂的胖妞和细腰长腿的女神，你想做哪一个？

you are what you eat!

瘦子的饮食模式就像我们买衣服一样，有些妹子喜欢在淘宝或者小店买一堆几十块钱的便宜衣服，给人"衣服很多却很廉价"的印象；有些妹子喜欢攒钱买经典款或者质感一流的衣服，虽然没有很多造型但是天天以精致的形象示人。同样每个人每天都要吃饭，有些人吃垃圾食品快速果腹，有些人甄选食物质量和来源慢慢品尝，结果自然不用多说。作为一个即将成为瘦子的你，每吃一口东西之前都要想一想：它的原料天然吗？加工程序复杂吗？糖分和油分是否太多？新鲜程度是否可以保证？这样一来，你才能对自己的身体负责，对自己的食物来源严格把控。

质量好的食物吃起来确实是享受，例如当季当地的水果，我每去一个地方旅游都会去查阅资料寻找当地最应季最有名的水果买来吃，顺应自然永远不会有错，每个地方的水土养育了当地最适合生长的植物，它们才是自然真正的精华。当我们身体享用了自然的食物，顺应了自然规律，宇宙便会反馈给我们一个顺应自然的健康苗条的身体。随着网络和物流的发展，我们可以跨越纬度来品尝美食，5月收到从青岛快递来的樱桃，11月挑选江西包邮来的脐橙，都不再是一件困难的事。

曾经看过一本书叫做《法国女人不会老》，这本书的作者米雷耶·吉利亚诺是一个地道的法国女人，我们都知道法国女人的优雅和苗条是世界有名的，书中写到作者有一次去朋友家做客，朋友给了作者一份巧克力吃，作者吃了一口发现这巧克力品质不是很好，就放下不再吃了，即使再饿。

同样，《跟巴黎名媛学到的事》的作者珍妮弗是一名普通的美国女性，喜欢在饿的时候随便吃一些快速食品填饱肚子（我们都知道美国的食物是出了名的高卡路里），去了巴黎做了半年交换生后发现法国人从来不在除了吃饭的时间之外吃任何零食，法国人的用餐习惯教会了她在有食欲的时候才能真正享受美味。在我们感觉到肚子饿就去吃一些乱七八糟的零食的时候，真正的胃口和食欲会被破坏了，而且肠胃吸收的也是不健康的东西，在真正享用正餐时我们反而失去了胃口和消化的能力，所以，最好的食物是值得等待的，在饿得实在无法忍受时去品尝一块黑巧克力或者吃一个新鲜的水果吧！

　　还有一些妹子采用极端减肥方法，让人觉得很恐怖。曾经去过某网站的一个嚼吐帖子里面参观过，真的不知道为什么会有嚼吐这种变态的减肥方法。吃完东西不咽下去还把唾液一同吐出去，既浪费了你的体液又浪费了食物，想想多罪恶！亲爱的你如果采用这种嚼吐法减肥的话我真的觉得你超级不负责任，对自己不负责，对大自然不负责。而且长期嚼吐会营养不良，甚至还会造成心理疾病，这只是一种满足嘴巴贪欲的方法，在不顺应自然发展规律的做法前我们最后只能以失败告终，更别提催吐了。

再比如减肥药就是一种违背自然规律破坏人体机能的东西，尽管我们都知道减肥药伤害身体，还是有很多前赴后继去买减肥药的姑娘，否则哪会有那么多的吃减肥药致死的可怕新闻？到目前为止人类没有发明出任何一种有效安全的减肥药，减肥药只是一个童话，想靠减肥药或者什么减肥仪器来减肥的姑娘，我希望你们可以正视自己身上的问题，只有作息、饮食、运动都健康了才能真正瘦下来，才能成为光彩照人的女神。

美味当前，我们更应该慢慢开始进餐，这并不是不让你大快朵颐，而是让你学会慢慢品尝，慢慢品尝每一口食物的滋味。身为一个正常人，应该把进食当成一种享受，而不是原始的单纯只是为了吃的行为。学会生活，在吃饭的时候要有美食家的样子，就像在护肤时要有美容专家的架子，有感觉才是真正的女神。

那么，究竟怎样吃才健康又可以享受到美味，并且达到长期瘦身的效果呢？

本章的后几节我将教给你怎样选择正确的食物以及怎样有效地控制每日摄入的热量。

瘦身，从心态开始改变

我的瘦身史从初中就开始了，但是也是没节操的过度节食+减肥药等不可取的办法，一度身体不好经常感冒，年少无知为了面子为了臭美付出了太多，损害了最宝贵的身体，现在想起来都很后悔。自从几年前在吃了一个叫XX堂的减肥药以后失眠一周痛苦万分发誓再也不吃减肥药了。我知道大家都很着急瘦身，我也是一个急性子，希望无论做什么马上就能收到成果，但是这是不可能的，你不付出不会成功但是你如果不付出连成功的机会都没有。

首先要分析一下自己为什么会发胖，找出原因才能对症下药。我曾经自我分析我的肥胖原因有几个：第一是爱吃油脂含量高的食物，例如喜欢吃回锅肉等肥肉类和花生等坚果类；第二是进食速度太快；第三是运动太少导致热量太高只能囤积脂肪。现在请你去找一个本子，记录一下这一周自己都吃了什么东西，然后再去总结一下自己的饮食和作息运动等习惯，找出自己瘦不下去的原因，再逐个击破。

　　写到这里会有人说，你写的我都知道，瘦身不就是节食加运动么？对，就是这么简单，我不会别的，我只相信养生一定要顺应大自然规律，快速瘦身违背了自然规律往往会导致不良后果。所以，妹子们，要想瘦身，在不违背大自然的规律的基础上保持耐心，这是一项工程——与身体对话和培养感情的工程，我这样说，你懂了么？想象一下，身体是你的孩子，你要耐心地教她做事，她做错事情了要教育她，而不是打她骂她。

　　　肥肉真的不是一天长出来的，同理，一天不吃饭只喝水就能瘦到解放前么？还是那句话——厚积薄发。

你要做的是给予Ta关爱和良好的成长环境，这样Ta才能听你的话，才能越来越健康。

当你埋怨自己又暴食了的时候，当你因为心情不好以暴食来满足一时的快感却糟践了自己肠胃的时候，你的负能量会增加，这样并不是顺应宇宙发展的，你自然也就不会瘦。所以，要想有个好身材，就应从心态开始改变！

选择合适的瘦身方法

先说说我自己的瘦身史，我从初中就开始踏上了漫漫瘦身路，刚开始是骑自行车加呼啦圈还有节食，虽然瘦下来十几斤，但是因为节食过度，脸色特别差，真的是面如菜色，黄黄的，嘴唇还发紫，身体抵抗力变差经常感冒。更由于年纪小，自制力差，瘦下来的十几斤只要多吃一些就会反弹，现在想想还不如那个时候好好吃饭，起码对得起自己的身体健康。总之别人走的弯路我一样也没有少走，罪也没有少遭。

上了高中后看过一段时间台湾风靡一时的mm断食法，曾经一个星期没有吃饭，结果走起路像飘，整个人没有精神，一坐下再起来眼前就冒金星，许多绝食断食的妹子们应该和我有过一样的经历。所以我非常不倡导这种绝食乃至断食的减肥方法，因为首先损伤身体，其次由于身体的补偿机制，我们的身体在结束断食后会吸收更多的热量。在我们人类还是处于狩猎时期的时候由于经常吃不到食物而且不是每天都能吃到食物，所以我们的身体在挨饿一段时间后突然摄取到食物就会疯狂地储存下来，这种由人类狩猎期传下来的储存脂肪的机制导致了我们节食后反弹。

节食虽然可以让体重掉得容易，但保持下来却很难，来来回回我的体重渐渐变成了"溜溜球效应"，瘦下去又反弹，痛苦不堪。反反复复的节食加反弹最后没有让我瘦多少斤，反而让我的肠胃功能变得越来越差，连吃东西都有罪恶感，没有享受到美食带来的真正乐趣，人也无精打采，损害了身体最宝贵的健康，现在想起来都十分后悔（年轻的妹子们一定不要学我啊）。

后来上了大学，通过自己的学习，慢慢了解到很多营养学的知识才意识到健康瘦身的重要性。经过一年多的努力慢慢已经瘦到了标准体重，这几年来没有任何反弹的迹象，瘦身的时候大概每个月能瘦2斤，不要觉得每个月瘦2斤很少，其实这是最不容易反弹的，因为瘦得越慢，反弹得就越慢。这种方法最适合像我一样尝试过各种瘦身方法的妹子们，尤其是在经历过节食加反弹的体质。

标准的胸围=

身高厘米数×0.535

标准的腰围=

身高厘米数×0.365

标准的臀围=

身高厘米数×0.656

我在论坛里传授瘦身经验的时候，经常有妹子问我怎样快速瘦掉10斤，怎样在一个星期内瘦5斤。而我认为，体重不应该单单作为身材好的依据，尺寸才能说明一切，因为身高的不同和体脂肪肌肉的含量不同，每个人"瘦"的程度都是不一样的，一个身高170厘米的妹子60公斤可能有胸有屁股，看起来比身高160厘米、55公斤的妹子还要瘦，身材还要好，所以我们一定要考虑尺寸。哪个围度与标准的尺寸差太多，我们就会知道自己的身材哪里比较需要加强，可以在运动中更加注重这一部分的锻炼。

我们在瘦身的过程中更不要每天量体重，我身边的姐妹们喜欢在床边放一台秤，每天非常勤快地量体重，过多纠结于今天比昨天胖了零点几公斤。其实那是没有用的，我们早上和晚上体重都会不一样，每周量一次就可以了，同时一定要注重记录围度，围度比体重更可靠。

我就是这么吃瘦的

首先，我的瘦身方法很简单，就是制定科学的瘦身餐单，合理摄入食物，保持稳定的卡路里，刚开始可能因为搞不清楚食物的热量而需要查阅食物热量表（后文附有常见的食物热量表），还有可能需要称食物和计算器，坚持做十多天，慢慢地就胸有成竹，练出火眼金睛了，一看到自己吃的东西就知道它的重量，吃进肚子里能提供的热量大概有多少，那个时候我连陪妈妈去菜市场都能用目测估计蔬菜的重量，这也算是一项既好玩又有用的技能吧。

每个女性要想保持正常的身体健康，每天必须至少摄入1200~1300的卡路里（在不做运动的情况下，如果要做运动的话我建议要摄入1500大卡左右，而且要保持一定的蛋白质来增强肌肉），我们做的都是粗略估计，并不需要分毫不差，所以我们将每天的热量定为1300大卡左右。

在我们心里有一杆秤，我们需要每天摄入1200到1300大卡，根据这个标准，我们就可以开始尽情地挑选食物了！如果妹子们逛超市时细心去看食品背后的热量表，就会发现我国的食品营养表是以千焦（kj）计算的，根据换算公式1千卡（1大卡）=1000卡，1卡=4.182焦耳，例如一包在超市常见的康师傅鲜虾鱼板面（96g），热量表上写的是1906千焦，我们将1906除以4.182得到455大卡，下次在超市买食物的时候记得将热量表除以4哦。

另外，除了计算热量，每种食物的饱腹程度也是不同的，在挑选餐单的时候更应该把每种食物的饱腹指数考虑在内，尽量选择饱腹程度最高的食物。一般来说能增加饱腹感的食物有几种：块茎类的蔬菜往往含有抗性淀粉而吸收缓慢更有饱腹感，例如马铃薯、红薯等；富含果胶的水果在食用和消化的时候能制造更多的饱腹感，例如苹果、梨、橘子等；蛋白质含量较多的食物，如鸡蛋、牛肉等；粗纤维含量多的五谷杂粮，如燕麦片、黑米和糙米等。

究竟这1200到1300大卡的食物怎样分配比较合理呢？

我们知道要瘦身一定要吃早餐，不仅是为了健康更是为了瘦身，因为吃早餐越早，我们的身体越能加速开始代谢，代谢越早我们就会瘦得更快。根据营养学的原理，一般早餐摄入每天热量的30%就可以了，也就是说我们每天早餐吃400大卡就刚好。中午应该是每天最可爱的时刻，因为这一餐我们可以吃到600~700卡哟，这一餐可以比较尽情地吃，但是不能吃撑也不能吃太快。晚上200~300卡就可以了，下面给各位妹子定制了一些瘦身餐单作为参考。照着这样吃，可以在短期内（1~3个月内）成功瘦身10~20斤。

需要注意的是，早晨人的肠胃处于空腹状态，吸收食物营养的能力比较强，虽然早上吃的食物热量高点儿没关系，但是一定要尽量选择营养价值含量高的食物，这样吃早餐才能为瘦身做好准备，否则吃进去添加剂太多的人工食物会使肠胃增加大量负担，从而影响一整天的饮食。早餐清清爽爽的最好。

一些我自己平时会吃的早餐餐单

黑芝麻糊一碗+大苹果一个（300卡左右）

我喜欢早晨起来喝一杯水后空腹吃水果，这样会让肠胃变得清爽，除了有些特别酸的水果外，水果都是可以空腹吃的。在我眼里，苹果是最好的vc复合片，营养成分比较全面，建议早餐选择大一些的苹果。两种搭配起来可以让口腔变得清爽，黑芝麻糊更可以提供一上午的热量需求。总是发现身边不是很多的妹子喜欢吃苹果，但是苹果真的是最好的水果之一，提供的胶质和纤维还可以让肠胃快速排毒，也适合经常便秘的体质食用。

火龙果一只+豆浆+核桃杏仁等坚果

　　火龙果有给肠胃排毒的功效，早晨起来吃一个有利于排便和肠胃清爽，花青素含量高有利于抗衰老，富含VC可以美白，富含纤维可以有助于排毒，是一个对女人非常好的水果。豆浆更是女人最好的饮品，可以丰胸和让皮肤白嫩。这里我搭配了一些坚果，用来补充蛋白质矿物质维生素给皮肤头发和指甲以滋养。

　　总之，在制定早餐餐单的时候要考虑到摄入越全面越好。

维生素C和维生素E是让皮肤越来越有光彩的功臣，维生素B_2、维生素B_5、维生素B_6都是能让头发Bling Bling（亮闪闪的）和让指甲更加坚韧的维生素哦。

早晨一杯现榨的豆浆，对健康的一天 say "hi"

最简单的早餐：燕麦片+酸奶

　　燕麦片是一种富含纤维的粗粮，虽然热量并不低，但是饱腹感指数非常高，加上既美味又可以提供钙质的酸奶，一顿最简单易做的早餐就完成了。在选择燕麦片的时候要注意挑选燕麦片纯度高的，有的燕麦片往往燕麦含量不高，起不到粗粮应有的瘦身效果。也不要去挑选那种速溶的燕麦片，因为速溶类燕麦片经过精加工已经失去了珍贵的营养成分，而且会添加植脂末和糖分去增加香味，要知道植脂末是非常不好的饱和脂肪酸，饱和脂肪酸有损心血管健康，能避免尽量避免。现在国外

一些有添加了水果干和坚果的燕麦片，营养会更全面而方便使用，建议购买进口的燕麦含量高的燕麦片。

ICA50%水果果仁燕麦片（瑞典）

利用一把勺子巧妙计算午餐热量

　　午餐的话妹子们可以随便一些，因为午餐给的热量空间比较大，一般一碗牛肉面再加一杯酸奶就差不多到700大卡了，但是如果加了醋和辣椒油等调味料再加上汤的话热量会更多，所以要小心添加哦。西餐比中餐更好计算热量，因为制作工艺往往没有中餐程序复杂，假如只能在外面吃饭的话可以选择赛百味等可以自由选择配料的卡路里较低的食物（推荐搭配：金枪鱼肉+全麦面包+番茄），但是一定不要去吃油炸食物，油炸的食物热量极高，一份肯德基的中包薯条就有330卡相当于一个赛百味的普通三明治。

　　我们可以借助一些软件或者上网直接查食物的热量表，如果热量是按照克数算的话我们可以用烘焙用的食物秤来估算食物的热量，如果mm觉得拿食物秤很不方便的话可以参考下面的图片。我刚开始接触计算食物热量的时候哪怕吃一小块的东西我都用食物称计量，后来时间久了有经验了，就一眼能看出重量来了。为了更加直观也更方便计算热量，请妹子们自行准备一把普通的汤勺，随身带着它吃饭，把下一页的图表用手机拍下来，做到心中有数。

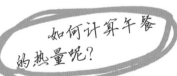

三汤勺的米饭约为100g

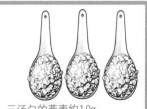

三汤勺的燕麦约10g

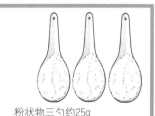

粉状物三勺约25g

常见食物热量表（可拍下来存入手机以便参考）

100g米饭	116大卡	100g面条	109大卡
一只饺子（素馅）	46大卡	一只饺子（肉馅）	44大卡
100g燕麦	367大卡	100g小米粥	46大卡
100g面包	312大卡	100g方便面（普通装方便面的面饼一块大概100g）	472大卡
100g油饼	403大卡	100g什锦炒饭	188大卡

这样慢慢算，心中就会有数。另外边吃边计算热量也有助于延缓进食速度，让吃饭变成一个加加减减的游戏，会更有成就感和乐趣。

考验意志力的时刻到了，晚饭怎样吃

午饭后漫长的下午加上意志力薄弱的晚上究竟怎样吃才能瘦身？晚餐我给了自己200到300卡的卡路里空间，差不多是一碗粥加上一个水果或者一碗凉拌蔬菜的热量，另外可以自己煲汤喝。下面我就教大家几款热量在200~300卡之间的非常简单易做的晚餐。

饱腹养生

五谷杂粮粥（约300g，约180大卡）。原料有红薯、薏米、红豆、黑豆、糙米。豆类提前泡10个小时左右加红薯煮熟即可，红薯可以换成南瓜、紫薯，饱腹又养生。

五谷杂粮粥

嗜辣族最爱

辣味烫菜（约500g，约200大卡）。原料有各种绿色蔬菜（冬瓜、黄瓜、豆芽等）、蒜蓉辣椒酱、浓汤宝。将蔬菜洗净，将水煮沸，溶入浓汤宝一颗，蔬菜烫熟淋上辣椒酱即可。蒜蓉辣椒酱辣味足，而且热量低，由辣椒水和蒜制成，没有油分，可以拿来满足喜欢吃辣的妹子们哦。

热量低、油分含量少的酱料

将蔬菜烫熟，如果有绿叶类的青菜比较容易熟，<u>应最后放</u>，再淋上酱汁即可。

原料：白菜、金针菇、杏鲍菇、胡萝卜等喜欢吃的蔬菜。浓汤宝和蒜蓉辣椒酱。

低卡美味

　　牛肉魔芋丝1份（约300g，约200大卡）。原料有纯魔芋丝，熟牛肉50g，可根据个人喜好适量添加蔬菜和调味料，如盐、醋、辣椒酱等。将魔芋丝烫熟，调料和配菜一起拌即可。此款特别适合健身的妹子，因为魔芋面热量极低又含钙，加上牛肉会提供优质蛋白质，同时牛肉也是热量低的肉类哦。

　　我们的每日瘦身目标只要将热量控制在1200到1300大卡之间，每晚上想好第二天的饮食搭配，营养尽量全面，花样也要多多变换，这样你就不会因为节食变得过度痛苦，体重也会慢慢轻下来，身体会越来越健康。

原料：魔芋丝、牛肉（最好是未经过处理的生牛肉，腌制和卤过的牛肉盐分会比较高）以及酱汁等调味料，调味料根据个人的喜好添加。

将魔芋丝烫熟，添加调味料。

30

私藏低卡食物分享

在瘦身的漫漫生涯中，我渐渐发现了很多卡路里低又可以饱腹甚至美味的食品，选择它们就不会有吃多了的罪恶感。在日常饮食中或者不方便就餐的时候都可以利用低卡的食物来给胃和身体减轻负担！

黑巧克力

巧克力对于每个人来说几乎都是绝对的诱惑，但是黑巧克力的低糖和香醇却是瘦身健康零食的首选。在这里推荐含量100%的巧克力，一整块黑巧克力（约50g）的热量仅仅200多卡路里，含一块在嘴里，等待慢慢融化，让人非常享受哦！刚开始吃可可含量高的巧克力时会不习惯那种略苦涩的口感，可以先吃可可含量65%或者70%的黑巧克力，慢慢再过渡到100%的黑巧克力。黑巧克力对健康的益处多多，相信你会慢慢爱上它略苦而又奇妙的滋味。

阿斯托利亚100%纯黑巧克力（俄罗斯）

水浸金枪鱼

鱼肉是非常好的蛋白质和矿物质来源，小时候总听老人说多吃鱼会聪明。其实在健身的时候利用鱼类补充蛋白质是非常聪明的选择。金枪鱼富含不饱和脂肪酸，口感鲜美，罐头方便携带，可以夹全麦面包做早餐，也可以当成加餐。矿泉水浸的金枪鱼罐头抛弃了传统油浸的金枪鱼罐头热量高的特点，小小一盒，美味又低卡，强烈推荐。

小胖子矿泉水浸金枪鱼罐头（泰国）

31

海带昆布卷

海带是一种既可以排毒又可以美发的健康食物，热量又非常低。海带昆布卷，金枪鱼做馅，都是低热量的食物，但是营养价值又特别高，独立的小包装非常适合随身携带做小零食和加餐。

魔芋

魔芋的热量非常低，而且含钙量又很高，是畅销多年的瘦身代餐好食物，推荐各种魔芋制品，如魔芋果冻、魔芋粉丝、魔芋干等。可以当零食，也可以当正餐。

魔芋丝

黑乌龙茶

乌龙茶是帮助消化的好东西，每次吃得太多我都会饮一壶乌龙茶，既有助于油脂消化又养胃，是"刮油"好帮手。除了日常泡饮乌龙茶外，还可以购买瓶装的黑乌龙茶，比其他常见的罐装饮料健康得多，热量也低得多，尤其推荐在吃多了油腻和辛辣的食物后饮用。

黑乌龙茶

杏鲍菇

辣味杏鲍菇

杏鲍菇是常见的受大家喜欢的菌类，热量低，切成片口感和味道非常像肉类，是"无肉不欢星人"最好的代餐。我在平时煲汤和涮火锅的时候都喜欢吃它，热量低又美味。现在变成了小包装（一直推荐买小包装的食品，可以大大帮助减少食量，同样也推荐平时的餐具用小号的，将食物分成一份份吃），可以随身携带零食，味道嘛真是极好的。

炒豆

黑豆和黄豆都是对女性身体非常好的豆类，黄豆富含雌性激素可以丰胸，黑豆养肾可以美发美容。我选择炒制的黄豆和黑豆，并不是平时传统的炸制和膨化的做法，单纯的炒制方法只加少许盐，保持了黄豆和黑豆的原味并且无添加剂，香脆并且热量低，是理想的健康零食。看电视时如果手边实在不能没有零食，那就选择一些健康的并且热量低的零食吧。

用铁锅炒制的黄豆和黑豆

特殊情况下怎样继续瘦

外出应酬和家庭聚会难免大鱼大肉怎么办

有些特殊情况经常会影响我们原本制定好的瘦身计划，让我们不知所措，意志力大减。本来准备下班后去健身房挥汗一个小时却因为家庭聚会被召回不得不吃长辈给夹的大鱼大肉，本来决定周末排毒吃清淡的却被老朋友和同事约去喝酒，怎么办？面对这种不得不参加而且迫于压力不得不吃的情况，我们只能暂时把今天的计划放下，但是不代表我们就放弃了整个计划。

要知道我们的瘦身计划是一个整体的生活方式和习惯，而不是以强迫自己达到什么目标为目的的。如果第一天的饮食超出了计划，那么第二天就可以补回来——第二天可以把摄入的热量调得更低，或者加上1小时的有氧运动锻炼来挽救。在进行瘦身计划时如果偶尔吃了高热量高糖高脂肪的食物，一定不要有罪恶感和太大的心理压力，毕竟我们的脂肪不是一天或者一顿饭就长出来的，大体的计划没有变，小小的计划外的进食并没有什么关系，所以在偶然的应酬打乱我们的计划的时候不应该灰心而应该及时止损。

外出旅游无法按计划就餐

这就需要我们动动脑筋，比如旅游时必须要尝试当地的美食，那么就尽量安排在午餐吃，小吃可以买外卖安排在上午吃，尽量挑选最具有当地代表性的美食而不乱吃，多买一些当地的水果调整饮食，而且注意要多喝酸奶，不要影响排便。旅游的时候，如果经常会步行观赏景点就可以多吃一些食物；如果一直在坐旅游车就尽量少吃东西，以免消耗不了太多的卡路里而造成脂肪囤积，总之要具体情况具体分析。

低热量火锅吃法

寒冷的冬天不吃火锅怎么对得起"吃货"这个名号？我也很爱吃火锅，尤其在冬天的时候和家人或者朋友一起是一种享受，常常怀念上大学的时候和室友在一起用小电饭煲就可以煮一下午。火锅分为很多种，有四川的麻辣烫火锅也有重庆的九宫格，有台湾的涮涮锅，也有韩国的泡菜火锅，另外还有鱼火锅、豆捞火锅等。在众多的火锅中，热量最低最健康的火锅推荐台湾的涮涮锅，涮涮锅通常是一个人一个小锅，推荐的汤底以菌汤、番茄汤底为主，一定要清淡。如果想吃辣味的火锅尽量选择泡菜火锅，一般的辣味火锅都是牛油做成的，热量十分高，还有一种方法就是在选择清汤锅底的同时，在调料中添加辣椒片、辣椒末（类似四川火锅的"干碟"吃法，直接将涮品蘸辣椒粉+花椒粉+味精）或者辣椒圈，这样可以减少油分的摄入。

关于火锅调料的选择，我们都知道芝麻酱的热量实在太高了，含有大量的油分，尽量少吃芝麻酱，喜欢那种味道可以用花生末或者直接放些芝麻颗粒，还有我在调火锅调料的时候喜欢加醋，这样可以及时解油腻。

当然每个人都有每个人的吃法，每个地区也有每个地区的吃法，一定要在满足基本要求的时候尽量减低热量。在选择菌汤等清淡的锅底时要先喝汤，这样既可以尝到鲜美的味道又可以起到饱腹的作用，不会让后面吃太多。涮火锅的时候多吃冬瓜、油麦菜、白菜和胡萝卜等高纤维低热量的食物，而且这些蔬菜类食物要先吃给后面的肉类粉类高热量食物垫底，不要留到最后才吃。叶子类的蔬菜尤其是白菜，在麻辣锅底里涮制的时候会吸附大量的油脂，所以一定要在清汤锅里涮着吃。

另外，吃肉类的时候和菌类食物一起吃会非常健康，因为菌类口感类似肉类，和肉类一起吃不仅会增加肉类鲜美度，还会减少食用肉类的分量。魔芋丝口感类似粉丝，它的热量也非常低，是粉丝最好的火锅替代食物。

吃火锅的时候最好配一杯乌龙茶或者柠檬水来帮助消化食物，不要喝含糖量较高的果汁、碳酸饮料等，因为吃火锅时会不知不觉喝掉很多饮料，不要在吃完以后发胖了才悔不当初哦。

咖啡店的水果茶往往添加了太多的糖分导致热量偏高，还不如用新鲜水果搭配一杯自己泡的红茶

下午茶到底喝什么

以前就经常和妹子们强调甜品制作工艺的重要性，没有亲自做过甜点的人不知道制作的原料的热量有多大。就拿比较热门的拿破仑蛋糕来说，要做成酥皮的效果需要大量的黄油、吉士酱和砂糖鸡蛋等，每一样都有极高的热量。所以越精致的点心热量越高，像比较热门的马卡龙，同样是用大量的砂糖和杏仁粉做成，所以口感非常甜腻，一般都需要配着红茶喝。而像咖啡店的咖

加水果的优格冰淇淋也是低卡又美味的甜品极佳选择

水果加酸奶也是"享瘦"的下午茶

啡与饮料一般都是用大量的热量高的奶
油、糖浆、浓缩果汁调和而成，有些水
果茶也是放了大量的糖浆，所以建议在
下午茶的时候选择口味清淡的茶来喝。
如果甜品原料非常好，口味也不错的话
可以适量吃一块，但不要吃太多，因为
热量会对瘦身造成负担。可以选择水果
沙拉让店员把调味汁沙拉和水果分开
放。一个朋友曾经对我说他和
朋友出去见面自带苹果，虽
然没有要求这么夸张，但
是还是那句话，对于入口
的每一样食物都要负责
任，因为身体是自己的，
健康是要自己来维护的。

希腊酸奶的卡路里更
低，蛋白质含量更高

瘦身辅助产品以及瘦身小撇步

有应酬不得不吃很多或者不想错过一次大餐怎么办

吃货的福音CHITOSAN AFTER DIET热控片（日本）

推荐日本的吃货的福音CHITOSAN AFTER DIET，饱餐一顿后服用，里面有壳聚糖和多种纤维成分可以阻止身体对高热量的食物吸收，吃后没有腹泻和肚子不舒服等情况，反而第二天排便非常顺畅，肚子也没有变大。类似产品有香港的Kill Meal大餐急救和火锅急救含片，但是这种东西只能针对临时突发状况，而不能长期依赖它噢。

从生理期开始的第三天算起，此后的一周是瘦身的黄金期，女性这个时期代谢速度会增加，在这个期间瘦身的话效果会非常明显，可以每天多加一些有氧运动，一定要减少油炸和糖分等高热量的食物摄入，食物保持健康和低卡。

推荐运动方式

（1）游泳：塑造全身线条，受伤几率小。

（2）慢跑：空气不好的话建议用健身房跑步机，对腿和腹部有效果，但是注意保护膝盖。

（3）羽毛球：乐趣多，消耗热量也大。

虽然我们的瘦身原则是热量越低越好，但是每日摄入的热量一定不要低于1200，少于这个标准的热量会导致新陈代谢变缓慢，影响瘦身效果。瘦身是一种饮食习惯和生活习惯的综合行为模式，我多次强调一定不要走极端去节食。

因为中式菜肴都是复合型，往往经过很多道加工程序，有些很难去估算热量，但是根据烹饪方式油炸热量＞煎炒热量＞凉拌或清蒸热量，注意避免那些过油和口味过重及多道工序加工的食物。尽量选择凉拌、蒸制的食物，不仅食材新鲜还可以保持食物的原味，尽量不要选择油炸的食物，油炸的食物会增加身体的火气，所以我们每次吃完油炸食物就会特别口渴想喝水，平时想吃的时候想一想油炸食物对身体的害处，就不会那么特别想吃了。

进食的顺序应先吃水果或者蔬菜，最好先喝汤，最后吃主食和肉类，这样热量吸收得缓慢。姥姥经常对我说"饭前喝汤苗条又健康"，确实，在喝汤的时候由于汤一般都很烫，所以喝下的速度会比较慢，这样就会延长我们进食的速度，大脑接受进食信号时间越久，我们的饱足感就来得越强烈。汤不仅热量低而且营养成分高，饭前喝汤可谓一举两得。

关于运动我们必须要知道的

适当的运动是非常必要的，现代的生活节奏都让我们变得越来越懒了，学生在教室里坐着不动，上班族在办公室同样也成了久坐一族。在我们人类最初的狩猎时代，为了生存我们必须要在野外奔跑和锻炼生存技能，每天都在运动，到了工业时代我们拥有了机器，不再需要用体力来维持生活，食物越来越唾手可得。在这种情况下，我们要想保持健康的身体就一定要强迫自己去运动去保持健康，不然为什么虽然过了这么多年，男人还是喜欢翘臀细腰长腿的女人，女人还是崇拜有肌肉的男人？因为这是一种健康的表现。

我们要动起来，运动起来不仅有利于身体健康，还会让我们拥有好的心情。因为我们在运动时会分泌多巴胺，这种物质可以让我们有恋爱的感觉，让我们心情愉快，可以缓解工作和学习的压力。

我喜欢运动的另一方面原因是运动可以给我带来健康的肌肤。一个经常运动出汗的人的皮肤一定是红润得发光并且毛孔细致的，因为出汗可以排出毒素让肌肤紧

致，与经常节食不动的人的肌肤状态是完全不同的，如果节食不运动，皮肤会变得暗黄和毛孔粗大，只能利用化妆品去遮盖那份憔悴。我知道你一定不希望你最爱的人或者未来最爱的人晚上看见你卸妆后憔悴的面孔吧，健康的皮肤那种红润是散发着光彩的，即使最好的腮红也没有它美丽。休假的时候不要伴着零食呆坐在电视前或者无所事事躺在床上玩手机，哪怕出去散散步、做一做健美操都是有意义的。

　　如果找不出大段时间来运动怎么办？我们可以利用平时生活中的一切机会来运动，比如我们在坐公交和挤地铁时，把座位让给别人坐，自己站着，要知道站着消耗的热量是坐着的热量好几倍之多，不要利用一切可以偷懒的机会去放纵自己，长时间坐着不仅会让臀部下垂，变得扁平，还会对身体循环不利，腹部囤积脂肪容易发展成"游泳圈"。公司和学校离家并不远的话我们每天可以换一双跑鞋走路上班上学，看电视的时候我们可以站着看，周末宅在家大可以出去逛逛街，要知道逛街消耗的热量比去一次健身房消耗得还高，但是一定不要"逛吃逛吃"哦。

Chapter
03

让肌肤时刻
像水一样滋润

一切护肤的基础在于补水

亚洲女性最关心的应该就是美白了，女神的皮肤必然是白嫩弹滑的，所以经常有妹子问我怎么样快速变白，还有怎样拯救自己的痘痘肌、拯救自己的痘疤等护肤问题。我想说，不管是要美白祛痘还是要防晒祛斑，最基础的肌肤保养工作在于保湿，只要保湿做好了，别的皮肤问题解决起来就会事半功倍。

皮肤是人体储存水的重要器官，它的储水量仅次于肌肉。之所以说女人是水做的是有理由的，因为正常女性比男性皮肤的含水量都要多，这就是为什么男性的皮肤容易出油，因为男性的皮肤水分含量不足而一旦缺水肌肤就会分泌油分来滋润，所以男士护肤品基本都是主打保湿控油的。

保湿听起来容易，但并不是靠每天敷保湿面膜、喝满8杯水就能解决的事情。敷保湿面膜只是一种治标不治本的手段，保湿面膜只是相当于做了一次spa来保持肌肤表面的水分，前几年特别流行一种说法是每天要喝多少杯水才能补充日常所需水分，于是有的妹子就不停地喝水，结果还是没有什么补水的效果。喝水也是讲究时间讲究地点的，不能走极端，不喝或者喝太多都是错误的保湿方法。

要想肌肤维持在一个理想的水分平衡状态，就要先补水再保湿，那么究竟怎样补水才正确呢。

曾经有一条新闻，英国有一位女记者因头痛消化不良采用医生建议的饮水疗法，让她每天饮水3升，结果她不仅病痛得到了改善连容貌都年轻了十岁，效果非常神奇。然后国内有一位孕妇也模仿她每天喝3升水，最后尿血，对肾脏造成了极大负担，损伤了身体。所以科学地喝水是非常必要的，要综合考虑自己的身体情况，不能盲目地喝水。

究竟怎样喝水才正确

经常有妹子抱怨男朋友不会体贴人，所有身体不舒服都以一句"多喝水"来解决，"多喝水"成了万能的良药。但是这是正确的，多喝水是一个最基本最有效对身体对皮肤的保养方法。但是正常人如果每天喝八杯水超过3升的话是非常危险的，会对肾脏造成很大的负担。人体正常每日需要的水分应维持在1500ml，但是特殊情况例如体重较重、外部环境太干燥、秋冬换季、日常摄入的食物含水量较少时就应该酌情多喝水。

人体正常每日摄入所需的水有三个来源：饮用水，饮料（如咖啡、茶等），摄入的食物所含的水分例如粥、汤、炖菜等；另外还有代谢水。如果不想刻意多喝水或者不方便，应该在日常饮食中多增加汤和粥、新鲜蔬菜水果的比重。

另外，喝水的时间和次数也有讲究，晨起一杯水有助于肠胃蠕动，更能补充一晚上身体代谢所消耗的水分；晚上临睡前如果喝太多水对水肿体质的妹子来说第二天早上会浮肿，而且有可能会起夜上厕所。以前在健身房锻炼时，健身教练经常告诉我，平时喝水的时候应该小口小口喝，慢慢喝，一次不能喝太多，否则水不会被身体吸收而直接随着体液排出去，只有早晨的时候为了利于毒素排出，水才应该大口大口快速地喝。

判断自己的肤质快速补水

教给妹子们一个快速判断自己属于什么肤质的方法——晨起用一张纸巾按压在脸上，这样就能简单地判断是什么肤质。

干性肌肤

纸巾非常干净，感觉自己脸部干干哒（网络用语，是"干干"的意思）——亲爱的你应该好好做补水保湿功课了哦，不然皮肤衰老等一系列皮肤问题会纠缠着你。

干性肌肤补水应注意不要清洁过度，我一直建议干性肤质的妹子在秋冬的早上不要洗脸，因为晚上一次彻底的清洁就够了，如果实在是心理上接受不了的话可以用化妆棉蘸保湿化妆水擦一遍脸。用化妆水的时候注意不要用含控油或者含酒精成分的化妆水。护肤尽量用油性的精华和霜状质地的产品。

油性肌肤

纸巾大部分呈透明状，大部分处于青春期的妹子们都会是油性肌肤。油性肌肤容易受到微生物的干扰而长痘痘甚至引起脂溢性皮炎，油性肌肤的妹子应该注意控油，否则油脂会成为屏障，减缓补水效果。

与干性肌肤相反，油性肌肤的妹子应该早晨和晚上都洗脸，控制住油分再去做补水保湿的工作，选择有效控油的保湿水，另外护肤要用清爽质地的乳液或者凝露等，减少油分的补充。

混合型肌肤

纸巾在鼻部附近的T字区呈透明状，国内大部分妹子处于这个状态，因为我们经常处于空调和熬夜等压力中，做好T区控油和两颊补水照样可以维持到中性皮肤哦。

混合型肌肤护理起来比较麻烦，有条件的妹子可以根据A和B的情况酌情选择两套护肤品来针对脸部不同区域进行护理，没有条件的可以按照中性肌肤护理，妆前或者睡前用化妆棉片浸满化妆水敷在两颊感觉干燥的地方进行补水，而T区注重定期去角质。

中性肌肤

纸巾在T区有少量油，肌肤不干燥紧绷，恭喜妹子，你是少数的令人羡慕的中性肌肤，好好维持。

中性肌肤可以选择的空间比较大，在维持现有的水油平衡上也应继续进行补水工作。

如果想要进行更加专业的肤质检测，可以去商场的专柜咨询，一般柜台的BA（卖化妆品的导购）都会提供专业仪器免费给顾客测试。

自用保湿护肤品推荐

在这里推荐一些我平时觉得保湿效果好的护肤品，因为每个人的肤质和身体情况不一样，"甲之蜜糖乙之砒霜"的情况很常见，所以在护肤品哪种比较好用这个问题上要靠自己多试。我遗传了妈妈的皮肤，总体来说没有什么肌肤问题，在正常护理好的情况下属于中性皮肤，所以用的护肤品诉求是注重皮肤保湿，对别的功能不太关注。用的牌子也比较广泛。下面我就分享一下我用过的个人认为保湿效果比较好的护肤品。

kiehl's科颜氏高保湿精华爽肤水

这款爽肤水是我非常喜欢的保湿水，已经用过很多很多瓶了，此爽肤水不含酒精，质地异常温和。主要成分是杏仁油，可以轻柔地清洁皮肤上的灰尘和残留物，平衡皮脂分泌，保湿皮肤。质地较黏稠，我在秋冬时节每天都要用它。因为我在冬天早晨不洗脸，所以会拿化妆棉片蘸这个高保湿精华爽肤水来擦一遍脸，再去涂面霜，保湿效果非常好。一瓶能用很久，价格也不贵，是性价比较高的保湿护肤品。

Kiehl's科颜氏高保湿精华爽肤水

这款高保湿霜是和前面的高保湿精华爽肤水一个系列的，我一般都是两个产品搭配使用。这款高保湿霜非常经典，是科颜氏的热销产品。面霜富含角鲨烷、冷冻保护蛋白和沙漠白茅萃取物，保湿效果异常强大，是最经典的保湿面霜之一。虽然是霜状质地，但是涂到肌肤上非常轻薄，完全不会油腻。涂完此霜后皮肤会变得很嫩，像剥了壳的鸡蛋白。

Kiehl's科颜氏高保湿霜

kiehl's科颜氏牛油果保湿眼霜

是的，大名鼎鼎的科颜氏牛油果眼霜也是我的最爱，曾经有人说过眼霜的发明是护肤品的最大谎言，因为眼部肌肤非常脆弱，不同于脸部其他地方的肌肤，保湿已经很难了，想做到去黑眼圈和去眼袋等功效之类的就更加难上加难，所以做好基础的保湿才是最重要的。这款眼霜我会在秋冬使用，因为我会戴隐形眼镜，平时的取戴会拉扯到眼周的肌肤，加上眼睛

Kiehl's科颜氏牛油果保湿眼霜

比较大，所以眼睛附近会有干纹出现。用了这款牛油果保湿眼霜后觉得眼周肌肤很水润。在使用这款眼霜时，因为它特殊的油包水配方，要注意先用两个无名指将眼霜融化后再去涂眼睛附近。在涂眼霜的时候应用手指力气最小的"黄金无名指"来按摩，先由眼角向眼周外围按几圈，再由眼角处向太阳穴方向提拉，最好按住太阳穴，最后再用无名指轻轻拍打眼部下方的肌肤。

fresh玫瑰保湿眼霜

Fresh是美国的一个比较名贵的护肤品品牌，主打天然成分护肤。这款眼霜呈透明的啫喱质地，号称"可以提供30个小时的保湿效果"，质地比较轻薄。主要成分是玫瑰水和玫瑰精油，闻起来是玫瑰的天然香味，让人放松。使用起来感觉凉凉的，保湿效果也很好，比较适合夏天使用。

fresh玫瑰保湿眼霜

妮维雅SOFT柔美润肤霜

遇到这款护肤霜是一次偶然。我有一次在美国黄石公园旅游的时候忘记带面霜了，于是就去当地的超市随便买了这管护肤霜来擦脸，也是油包水的配方。没想到用着非常保湿，在6月初天气变化莫测比较恶劣的环境下这管护肤霜完全可以做到保湿不干燥，而且价格非常便宜，性价比不能再高。这款因为产地不同有很多的版本，我在美国买的这管是墨西哥产的，据说德国原产的是最好用的。

妮维雅SOFT柔美润肤霜

补水保湿好物推荐

保湿面膜眼膜

左：森田药妆三重玻尿酸面膜（中国台湾）
中：LEADERS针剂补水保湿面膜（韩国）
右：悦诗风吟天然精华面膜（韩国）

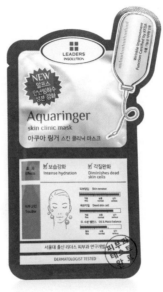

　　我每周大概敷两次面膜，如果熬夜和换季的时候保持在每周三次。我选择了三款性价比和个人使用感不错的保湿面膜推荐给妹子们：第一款是台湾省的森田药妆面膜，性价比较高，精华液较多，适合日常使用。第二款是韩国leaders针剂面膜，价格较其他两款稍高，但是精华液非常多，我建议敷完面膜将袋子里剩下的精华液涂在身上，这样即能保养又不浪费。第三款是韩国的悦诗风吟芦荟面膜，这个系列还有其他的面膜，芦荟这款比较温和并且性价比也很高。另外像高机能的面膜，一般比较贵，达到上百元一张，虽然高机能面膜效果更好，但是这样的面膜不建议24岁以下的妹子们使用，24岁以下没有大问题的肌肤选择基本保湿效果的面膜就可以了。敷面膜也不用天天敷，隔两到三天敷一次即可。

Cutie Black 小恶魔眼膜（日本）

眼膜也是眼部皮肤保湿的神器，我最喜欢日本的Cutie Black，这款眼膜保湿效果非常好，精华液非常丰富。最重要的是酷酷的外观、可爱的小恶魔剪裁，在家既可以护肤又可以凹造型，还有蝴蝶款可以选择呢。

加湿器

加湿器这个东西是北方干燥的秋冬必备品，相信很多妹子们家里都有，但是使用加湿器时应该注意几个问题：一是水质问题，如果加湿器灌入自来水，自来水中的有害物质就会进入空气中，所以尽量选择蒸馏水；二是换水问题，及时更换加湿器里面的水会减少细菌的滋生；三是不能一直开着加湿器，当空气中湿气过重反而会影响空气质量，每天开1~2小时就够了。

身体保湿产品

身体的保湿不可忽视，常年涂身体乳的女孩子就是比不涂身体乳的女孩子皮肤更加光滑。在炎热的夏天，我们会在身体上用防晒产品，而在洗去防晒产品的时候往往会因清洁而带来皮肤干燥的问题，所以在夏天我们也应该使用身体护理产品来保湿。而在寒冷干燥的冬季就更应该用保湿产品了，记得涂身体乳的最佳时间是沐浴后，这个时候涂身体乳会防止身体上的水分蒸发流失，起到保湿的作用。最好的涂身体乳地点是洗完澡后的浴室，这时浴室的温度和湿度会让身体乳吸收得更好更快。

推荐几款适合夏天用的身体乳
（冬季皮肤并不是非常干燥的情况下也适用）

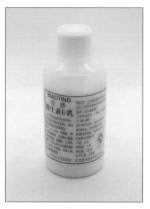

标婷维生素E乳

标婷维生素E乳，绝对是性价比最高的乳液，北京医院出品，我经常好几瓶好几瓶地买，成分简单，价格又便宜，香味也不俗气，非常推荐。

凡士林香薰舒缓润肤露薰衣草香型（美国）

Peterthomasroth润肤露，质地极易吸收，富含VC、VE和B_5涂完后皮肤软软的，是我用过的使用感最好的身体乳，怪不得连希尔顿酒店都用它作为御用产品。

保湿度比较好的，适合冬天使用身体乳推荐

Peterthomasroth润肤露（美国）

凡士林香薰舒缓润肤露：推荐干燥问题的肌肤使用凡士林。凡士林是一种从矿物油中提炼并纯化的氢化衍生物，它并不会被皮肤吸收，也不会轻易被洗掉和擦掉，具有非常好的保湿功效。纯罐装的凡士林可以用于脚后跟干裂的护理，由于凡士林比较油腻，所以身体乳使用这个品牌出品的润肤露或者霜状的身体霜就可以了（霜状的护肤品往往比乳液状的护肤品更加保湿）。

这款身体乳含有薰衣草精华，薰衣草的香味可以助眠，具有舒缓皮肤和神经的作用，睡前用再好不过了。

马油身体乳：日本制，主要成分是马油——一种非常容易令皮肤吸收的油脂成分，具有极高的渗透力，且不会油腻。

左：LOSHI马油身体乳（日本）
右：HEARTFULL 马油樱花精华弱酸性护手霜（日本）

隐形眼镜清洗器

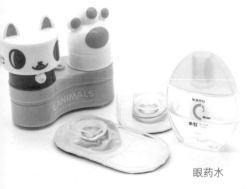

眼药水

平时经常佩戴隐形眼镜的我，非常注重隐形眼镜的保湿，这样才能让眼睛亮晶晶。

隐形眼镜的保湿

现在戴隐形眼镜的妹子越来越多，无论是有色还是无色，眼睛干涩问题都越来越严重。这成了一种普遍的现象。我戴了很多年的美瞳，眼睛用久了就会越来越干涩，甚至分泌物也会增加，所以平时包包里一定会准备一些眼药水来缓解眼睛的干涩。用了这么多的眼药水，乐敦系列的眼药水深得我心，无论是滋润度和保湿的持久度都会让人满意，滋润度比较棒，更适合长时间佩戴美瞳时使用。

隐形眼镜的日常护理也很重要，护理液将眼镜清洗得越干净，眼睛就越不容易干涩，我建议每周大清洗隐形眼镜一回，可以用带振动功能的美瞳清洗器，清洁效果加倍。

终极补水大法

　　如果你的皮肤状态特别差，想拯救干裂的肌肤或者马上有重要的场合要出席的话，这里有一个非常有效的补水方法可以帮助你。找一个时间长一些的假期，最好时间为一周，这一周要呆在家里不能出门，不能被晒到，最好也不要面对电脑屏幕，因为有大量的辐射会增加肌肤负担，买几瓶保湿喷雾，要选择成分天然的。保持健康的作息，每天10小时睡眠，吃的东西一定不能有油炸和零食。最好准备一台加湿器在身边，白天醒着的时候拿着喷雾对着皮肤喷，哪怕只是感到干了一点点也不要放弃，一直让脸上保持湿润的状态。屋子里的温度不能太低，因为温度低的话不利于毛孔张开。这是利用了我们洗桑拿的原理，为什么我们在

汗蒸或者桑拿房的时候觉得皮肤特别水润特别好？因为桑拿创造了对皮肤补水极好的水润和温度环境。面膜也是利用了这个原理，我们做面膜后觉得皮肤变得水润了，是因为面膜创造了一个让肌肤长时间保持湿润的状态。

经过了这种长时间的补水，我们的皮肤在一周后会恢复充满水的状态，这种方法适合一年内使用1~2次，毕竟是比较耗费时间和精力的。但补水效果绝对是最好的。

但是我要强调的是化妆并不是一种"遮丑"行为，而是一种"展示"的行为，
你要学会发现你五官美丽的一面，并且学会去展现它的美，
这就是化妆的精髓。

女神不一定要天天化妆，但是一定要会化妆，要知道在正式场合和就某些职业来说，化妆是一种对他人的尊重。姑娘不能以"女汉子"和"懒"作为一个不学技能的借口，当身边所有人都以车代步时你总不能不考驾照，在这个讲究包装的社会，你必须学习怎样去捯饬自己的脸蛋儿。退一步说，在街上看见一个妆容精致、衣着入时的美

妞儿，也是一种赏心悦目。曾经见到一个背影很优美、穿得很优雅的美女大为羡慕，然而当看见她的素颜而且满脸痘疤还有黑眼圈的脸时却吓了一跳，在心里构建的女神美好幻想顿时全都破灭了。

你，愿意做哪一个？

我们都知道男生不是不喜欢化妆的女生，而是喜欢天生就像化了妆一样漂亮的女生，但是这样的女生是特别少的，所以男生担心的是你卸了妆的本来面目很丑。浓妆艳抹固然比较冒风险，但是现在随着时代的进步，一种新的化妆方法出现了——让人看不出你化了妆，就像你天生就是这么漂亮一样，这就是裸妆。裸妆的美丽在于不经意却暗露风情，精致却不失庄重，其实也是作为一个漂亮女人的宗旨。那么，就让我们一起来学习怎样化一个天生女神般的"裸妆"吧！

Chapter
04

化妆是门技术活儿

零瑕疵的底妆分分钟拥有

我常常说，一个漂亮的妆最基本的就是打底。底妆界的明星牌子Armani有一款妆前乳叫做"隐形画布"，这正是我要打的比喻：一幅完整的画，首先画布要干净要整洁，就像我们化妆，首先脸要干净无瑕。只有打好了底才会有眼妆的灵动、唇妆的性感。

做好基本的护肤程序后，第一个需要的就是妆前了。妆前分好几种，有的是带调色功能的乳液状，有的是让你毛孔隐形的透明膏状，有的是易于涂抹的泡沫状，有的叫隔离，有的叫打底乳，有的叫饰底乳，名称可谓五花八门。

究竟怎样选择呢？我的建议是根据你的皮肤状况来挑选。如果是毛孔粗大的建议选择透明的膏状做妆前，可以填补你的毛孔，让肌肤平滑，更可以控油；如果是脸色不好，肌肤暗黄建议选择带紫色的修饰乳来调节肤色（如果是红血丝比较严重或面色偏红建议用绿色修饰乳）；如果注重防晒，可以挑选高SPF值的打底；如果想要脸色拥有明亮的妆感，可以用带珠光的饰底乳；如果你的肌肤还可以，不想给皮肤添加过多的负担，一个质地清爽妆前乳液就够了。

妆前乳并不需要全脸涂，只需涂在以下巴和两眼为三角形的区域即可。妆前乳如果质地比较稀薄，类似乳液质地，便可以涂上几个点再像涂乳液一样涂抹开。如果质地比较黏稠或呈膏状，应采用按压的方法，将妆前乳更好地贴合皮肤，以防后续上粉底液的时候"搓泥"。

接着上粉底液或BB霜，我爱用粉底液多过用BB霜，因为BB霜的遮瑕和舒展度多数不如专业的粉底液。如果真的喜欢BB霜的妆效，我建议选择近几年比较火爆的气垫BB霜。气垫BB霜有一个海绵垫子，通过那个垫子将BB霜渗透出来，海绵垫子有很多气孔。气垫BB霜就和传统的BB霜不同了，它更加细腻，上到脸上很水润，有一种光泽感的妆效，而且出门携带很方便，非常自然，但是遮瑕能力往往没有专业的粉底液强大，所以还是建议初学化妆者入手一瓶粉底液做底妆，但是气垫BB霜适合需要快速上妆或者不想让妆感太重的学生族，也算是术业有专攻吧。

气垫BB粉底

　　建议新手用粉底刷来上粉底液，因为粉底刷既方便又快捷，只需要几十秒便可以上妆完毕。要选择合成纤维的而不是单纯追求天然的刷毛，因为天然的刷毛不能刷出均匀的底妆，纤维的刷毛具有弹性，可以使粉底液均匀地涂到脸上。

　　有些明显的痘痕和有瑕疵的地方需要用到遮瑕，遮瑕不需要太厚，也是要用多次少补的方法。

　　最后用粉扑或者散粉刷将蜜粉或者散粉均匀地刷到脸上，轻轻刷一层即可。干粉颗粒可以吸收多余的油光，达到定妆的目的。选择珠光成分的粉质可以制造明亮的妆效，选择粉质细腻散粉的可以制造雾面的妆感。

左：chanel化妆刷（法国）
中：RMK丝薄粉底液（日本）
右：EVERYDAY minerals 便携式粉底刷

　　如果早上出门时间急迫，而前一天因为加班或者熬夜气色特别差怎么办？

　　我有一个方法就是利用手的温度来给肌肤上底妆，将手快速搓热，倒一些粉底液在手上，然后大力快速地拍打脸部，让粉底液通过手的温度快速上妆，这样粉底液会紧紧与肌肤贴合，而脸部也会受到刺激，加快血液循环，达到醒肤底妆的效果。但是这种方法并不适合天天使用，平时还是要老老实实上妆的。

　　如果要准备一场约会或者出席重要的场合，上妆之前确保脸不浮肿，可以在上妆前对脸部进行按摩去水肿，我平时会用一些按摩小道具，在看电视看视频的时候会一边给自己按摩一边看，注意要顺着淋巴的方向向耳后按摩。如果只按摩，觉得摩擦会增加负担的话，可以选择一些具有去水肿功能的瘦脸凝胶一起按摩，效果会更好。日本的seven break 瘦脸凝胶既大碗又有效，用后凉凉的，按摩后脸部侧面的线条会很明显。同样一款非常经典的娇韵诗紧致精华乳既紧致也很好用，提拉和去水肿的效果很明显。我都是早上上妆之前用，睡肿了的脸马上会精神焕发（按摩手法参考娇韵诗官方网站）。

我常用的按摩小道具，左：按摩挺鼻器（对提拉鼻梁有效）；右：按摩小滚轮（用来按摩脸部、小腿）

娇韵诗紧致精华乳　　　　seven break 瘦脸凝胶（日本）

既自然又持久不晕的眼妆技能GET √

在眼妆这里，我们可以将眉妆和眼妆看成一整个部分，因为眉毛和眼睛往往是一个整体，要想达到"眉目传情"的眼妆效果就需要协调好两者之间的关系，在一个完整裸妆里，眼妆能起到非常重要的作用。

首先需要将眉毛的形状修成一个符合自己气质和脸型的形状，最近几年比较流行韩式的平眉，显得妆容无辜而温柔，而传统的欧美式眉更加女人味儿，有精气神一些。如果把握不好形状也没关系，现在市面上有一些修眉卡可以购买，直接按照修眉卡的形状修到一个形状就好。至于位置和长度需要用一个杆状物来衡量：眉毛的最前端要和眼角与鼻翼成一条直线；眉尾、外眼角与鼻翼也要在一条直线上；眉峰即眉毛的最高处要与瞳孔中心在一条直线上。我建议用专用的修眉刀片来修，虽然比较锋利，但是刮得干净，快捷方便。利用此修眉刀修眉时要注意一定的角度，用力要轻，手要快，否则容易刮伤自己。

欧美式眉毛的形状　　　　韩式平眉的形状

眉毛的最前端要和眼角与鼻翼成一条直线

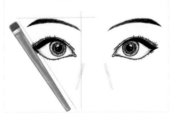

眉尾、外眼角与鼻翼也要在一条直线上

眉峰即眉毛的最高处要与瞳孔中心在一条直线上

修眉刀片

接下来我们可以利用眉粉、眉笔或者染眉膏来画眉毛。眉粉效果较自然，眉笔方便携带，但是比较考验技巧（现在的眉笔也有高密度眉粉压成的），染眉膏的定型和立体效果较好。在描画时记住要遵循力度要轻、描画多次的原则，否则很容易下手过重，导致变成蜡笔小新的粗眉毛喔！如果用眉笔的话，可以先画出一个轮廓，再填充颜色，最后用眉刷来均匀颜色（一般眉笔后都自带眉刷）。如果用眉粉的话，应利用刷子的角度遵循眉头颜色轻眉峰颜色重的原则来涂抹，眉毛颜色的浓度由轻到重依次是：眉峰、眉尾、眉头。在颜色的选择上尽量遵循眉毛和头发颜色一致的原则，可以浅一些。如果是自然发色就选择深棕色，如果头发比较黑就选择深灰色，如果是黄发，就选择浅棕色或浅金色比较合适。

左：SKIN FOOD 巧克力眉粉（韩国）
中：妙巴黎精致眉笔
右：莎拉女孩自动眉笔（韩国）

我们要画眼妆最重要的地方，即眼线，眼线分为内眼线和外眼线，在裸妆这一部分我建议用内眼线来强调眼神。著名的韩剧《来自星星的你》中，全智贤女神就是利用内眼线来达到提气提精气神的效果。内眼线尽量选择眼线笔，将镜子放在脸部下方，眼睛朝上看，由眼角到眼尾将睫毛空白的地方填满即可，既自然又隐形。刚开始画内眼线会觉得眼睛不舒服有些刺痛，慢慢习惯就会好。然后用睫毛夹将睫毛夹翘，如果不夹睫毛直接涂睫毛膏的话，睫毛不够上翘会晕染下眼皮。注意要夹三次，第一次要从睫毛根部轻轻夹5秒，第二次要在睫毛中段轻轻夹3秒，最后在睫毛尾部夹2秒，然后涂睫毛膏，睫毛膏要从根部向尾端呈Z字涂刷。油性皮肤或者爱晕妆的妹子可以在妆前涂眼部打底霜，可以保持一天不晕妆。如果不是防水的睫毛膏可以在涂完睫毛膏后用"睫毛雨衣"再涂一遍，"睫毛雨衣"是一层透明的保护凝露，既可以定型又可以防水。

内眼线三步曲

第一步，抬起眼皮，用眼线笔或者是眼线刷从眼尾开始勾画，一定要画在睫毛根部，眼线的目的在于填满睫毛根部空隙	第二部，从眼头往中间描绘，与前一步画的相连	第三步，轻轻补下前两步没有仔细填满的地方。画内眼线全程都要往下看，镜子放在脸部斜下方

防晕妆三大救星：
睫毛雨衣、睫毛夹、眼部打底霜

左：爱丽小屋DR.Mascara睫毛雨衣（韩国）
中：资生堂213睫毛夹（日本）
右：E.L.F 眼部矿物质打底乳（美国）

拥有好气色的秘诀

如果问我出门只能带一样化妆品的话会带什么，我肯定会回答：唇部产品。

SHU UEMURA植村秀唇膏M0570

Dior烈焰蓝金999色

一支口红或一支唇彩的魅力是巨大的，让你立刻有气色。总的来说，唇部彩妆产品按质地分类有几种，传统的唇膏和唇彩还有最近几年比较热门的唇釉，唇颊两用液和染唇液也是比较流行的。口红总的来说有柔雾质地和亮泽质地的，因为柔雾效果的唇膏妆感比较重，一般在秋冬用柔雾的唇膏会比较合适，在炎热的夏天用一些质地清透的口红让人看起来清爽。

推荐几支颜色比较正的口红，M·A·C的vegas volt，珊瑚橘色，适合度假，在阳光下非常扎眼而不夸张，配一些田园风和比较休闲的装扮非常合适。Dior的999号，好几年拿下了欧洲口红售卖冠军，是最正的红色，建议在比较正式的场合使用，不管怎样，女生每人备一支正红色口红是非常必要的。还有植村秀的M0570，柔雾效果，非常鲜艳的橘红色，适合任何肤色，涂后嘴唇非常有活力，像一只熟透的橙子般娇艳。买唇膏一定要在专柜试用，可以涂上后在外面多转几圈再决定买不买，因为商场内的灯光往往会影响口红的试色效果。

左：M·A·C 魅可唇膏VEGAS VOLT（美国）
中：DIOR迪奥烈焰蓝金唇膏999（法国）
右：SHU UEMURA植村秀唇膏M0570（日本）

左：BITE 液体唇膏 ROJIA（美国）
　右：BITE双头口红Vivid:Palomino
+Violet（美国）

BITE液体唇膏ROJIA色

左：Kanebo嘉娜宝Lavshuca BB唇膏美容液，号称唇部BB护理，具有多重的护唇效果（日本）

右：CandyDoll唇彩马卡龙粉，最萌的日本萌妹子的唇彩颜色就是它啦（日本）

DaDona保湿除纹润红素（中国台湾）一套两支，一支是樱花粉，一支是透明的唇彩。樱花粉涂上去就像天然的唇色那般自然，更可以涂在乳晕上，能起到淡化保湿乳晕的效果

口红是让女人拥有好气色的神器，但同时也是美丽的毒药，唇膏里面含有的化学元素会危害我们的健康，女人这一辈子不知道会偷偷吃进去多少支口红呢！所以一定要在饭前把口红擦掉，饭后再补涂，尽量减少"吃口红"的机会。最近有一个彩妆品牌备受我喜欢，就是BITE，是美国新兴的品牌。唇膏的制作成分主要是水果和奶油等食品级原料，完全没有添加任何化学元素，红酒白藜芦醇作为抗氧化剂也是一个亮点，我在约会的时候或者出席比较正式的就餐场合就会涂上这个牌子的唇膏，可以放心就餐而不用擦嘴，保持完美形象。唇膏的质地比较像蜡笔，据说90%以上的成分是可以食用的，有很多种颜色和种类可以选择，有唇笔、唇膏、液体唇膏，同样也非常适合孕妇和小孩子使用哦！

左：YSL圣罗兰镜光持久唇釉18号色
右：Dior 瘾诱水感唇釉269色（法国）

唇釉

这是一种新的质地，既有口红的饱满颜色又拥有唇彩的亮泽。涂唇釉时不需要用嘴抿，只需要涂饱满即可，但是妆感较浓，建议在秋冬季或者某些重要场合使

阿玛尼唇釉500色

用，日常色也可以选择淡一些的颜色。DIOR的269色就是一款适合日常涂的唇釉，颜色不夸张又持久，妆效比唇彩看起来更饱满更闪亮。建议在涂浓重或者颜色过于亮丽的唇部产品时候眼妆就要稍微淡一些，这样才会平衡整个妆面，不然会看上去太过隆重、过分妖艳。阿玛尼的唇釉也是非常经典的产品，蜜桃色500是非常畅销的颜色，非常适合日常使用，裸妆又很有存在感，涂上嘴巴感觉嫩嫩的，柔光的效果让嘴唇显得非常精致自然。

　　在涂任何唇部产品前，都要做好唇部护理，当嘴唇干裂起皮时，说明你要做唇部的去角质工作了。比较健康天然的唇部去角质的方法是将砂糖（或红糖）加入蜂蜜里，利用手指的温度揉搓嘴唇，随着糖的溶化，死皮也就随之搓掉了，蜂蜜更可以滋润干裂的嘴唇。如果是出门不方便的话可以随身带一支EIF的唇部去角质磨砂，含有多种果油滋润唇部，仿唇膏的设计，可以随身携带。晚上可以涂一层厚厚的润唇膏去睡觉，第二天早晨起来嘴唇既饱满又柔嫩。这里推荐blistex的小蓝罐润唇膏，我在美国的时候逛超市发现了这支热卖的小蓝罐唇膏，质地凉凉的，滋润效果非常好。

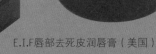

Blistex小蓝罐
润唇膏（美国）

E.I.F唇部去死皮润唇膏（美国）

65

另外一样可以让人气色变好的秘密武器——腮红

我们经常看见日本的女生无论化什么样的妆都看起来很可爱，这和日系妆偏好用腮红有关系。双颊涂了腮红会让人显得既可爱又亲切，并且会让苹果肌部分显得饱满，令人觉得像邻家少女般亲切。用天然质地的毛制作的腮红刷蘸几下腮红，再在手边弹几下，粉就不会太多，对着镜子笑一下，画圈涂在突出来的苹果肌上。这里推荐几款腮红，第一款是NARS的腮红，不管什么颜色的皮肤都适合，是好莱坞明星的最爱，里面有一些珠光成分，让笑容马上变得甜美。第二款是秒巴黎的烘焙腮红，该腮红采用了烘焙技术，就像一块烤出来的蛋糕一样诱人，粉质紧实不飞粉，自带小刷子，适合出门补妆。还有一款日本的canmake腮红膏，膏状质地，只需要点三个点用手指就能完成上妆，非常方便，是畅销多年的腮红单品，性价比非常高。使用此膏时要注意用量，不要一次用太多，可以在上定妆粉之前使用，这样颜色就会融入到底妆里了。利用手的温度稍微融化，在脸上分成三个点再涂匀，就能马上变元气少女。与唇膏的原理一样，选择橘色的腮红会显得人有活力有元气，粉色的腮红会显得人可爱，像恋爱一般脸上有美丽的红晕。

如果出门不愿意带太多的化妆品，或者在某些需要应急的情况下，除了一些比较油润和带珠光亮片质地的唇膏，某些口红同样可以用来做腮红，用法和腮红膏一样，用三点法更可以达到同样的效果，而且唇颊同色会让整个妆感具有协调性。

左：NARS 腮红色号ORGASM（美国）
中：秒巴黎烘焙腮红16号（法国）
右：CANMAKE 水润腮红膏CL04色（日本）

女神一定是香香的：
用香水前你一定要知道的事

女人都爱香水，即使再糙的妹子也喜欢自己身上香香的。有句话说女神要看起来美美的，摸起来软软的，闻起来香香的。有些人喜欢用"穿"这个词来形容喷香水，确实，万种香水可以拥有万种风情，"穿"哪款香水关乎心情，关乎搭配，更关乎气质，但香水是属于比较个人的东西，每个人有不一样的喜好，有人喜欢花香调，有人喜欢果香调，也有人喜欢食品香调或者木香调。首先建议不要换香水太频繁，因为香水会给人一种气味的印象，也许会让你的男神在人群中一下子就闻到你哦，选择适合自己的就好。无论是初次购买香水者还是喜欢、迷恋香水的香水收藏爱好者，在购买香水之前你一定要了解一些关于香水的知识。

商场试用香水秘笈

每个妹子的气质不同，自然适合的香水也就不一样，我建议是要多试。我们在商场试用TESTER时，因为香水长时间被放置在柜台上，柜台的灯光烤到香水瓶，长时间处在温度较高的环境下的香水会变浓，会和本来的香水气味有明显的浓淡差异；柜台的试香纸不会有身体上的温度，所以也会有偏差。人和人之间存在个体差异，香水喷在每个人的身上也不一样，所以最好的方法是试香水的时候喷到自己的身上，多比较，等到中后调慢慢散发出来再去决定是否购买。有人的鼻子闻多了几种香气后会麻木，所以短时间内尽量不要闻太多香水。一般商场的柜台都会准备咖啡豆给顾客，在闻不同香水的中间闻一闻咖啡豆会让嗅觉平衡。

常见的香水的香调分类

花香调香水

主要是玫瑰、铃兰、茉莉、蔷薇等花香，这些都是最受女性欢迎的香型，也是我建议年轻的妹子选购的入门香水，花香型的香水会给人以浪漫之感。女性化的感觉比较适合温柔、有女人味儿的软妹子。

Marc Jacobs Daisy
马克雅可布小雏菊香水

花香型香水种类繁多，具有代表性的花香型香水有Kenzo高田贤三一枝花香水、Marc Jacobs Daisy马克雅可布小雏菊香水、Miss Dior迪奥小姐花漾甜心女士香水等。

东方香调

具有东方风情的植物性香料如麝香、辛香料和动物性香料（麝香、琥珀等），闻起来较性感和神秘，适合参加Party等聚会场合使用。

果香调香水

18世纪，香水历史上的第一瓶古龙水就有佛手柑的味道，果香味一般都在香水的前调，应用比较广泛。果香调的香水让人闻起来心情愉悦，比较适合于性格稍微欢脱一些的甜美型妹子，

兰蔻奇迹香水

代表香水有兰蔻奇迹香水（荔枝）、娇兰小黑裙（樱桃）、chanel的邂逅香水（菠萝）等。

代表香水有娇兰的午夜飞行香水、YSL圣罗兰的鸦片香水等。

娇兰午夜飞行淡香水

木质香调

一般出现在男士香水中，常含有檀木、雪松、香根草等，闻起来比较中性，也是一些文艺气质女孩子的心头好。

BVLGARI 宝格丽紫晶纯香女士香水

木质香调的代表女士香水的代表有BVLGARI宝格丽紫晶纯香女士香水、Hermes爱马仕橘采星光女士香水等。

根据香水瓶快速挑香水

华丽的香水瓶子也是女孩子购买香水的一大原因，我从小就喜欢收集亮晶晶和带蝴蝶结等可爱的小玩意，长大了以后自然就对这些华丽的香水瓶迷恋不已，一款香水的瓶装设计以及香水名称的灵感和香水的味道都是浑然一体的。如果觉得香水的种类实在太多不知道怎么试，又对香水品牌和香调等没有太清楚的概念，可以根据香水瓶的设计来快速挑到你心目中的那款香水。

不同香水瓶颜色的不同含义

粉色香水

粉红色香水是比较常见的香水，通常是甜美型的香水，女性化，温柔又浪漫，适合小女人和萌妹子。

范思哲粉钻香水

代表香水有范思哲粉钻香水、Chanel粉红邂逅、巴宝莉粉红恋歌香水。

黄色香水

通常是比较华丽的，味道比较浓重的香水，高雅的感觉，令人印象深刻，适合稳重的妹子。

代表香水有Chanel 5号香水、伊丽莎白雅顿第五大道香水、Dior真我香水。

Chanel 5号香水

紫色香水

会给人比较优雅、神秘的诱惑感，适合内心强大，具有性感诱惑力的妹子。

代表香水有宝格丽紫晶纯香香水、Dior迪奥紫色毒药香水（奇葩香水）。

Dior奇葩香水

蓝色香水

清新，有活力，给人以清爽的感觉，男香香水瓶采用蓝色设计比较多，也适合个性小清新一些的妹子或者比较有个性的妹子。

代表香水有Davidoff大卫杜夫冷水女士香水、纪梵希小熊宝宝中性淡香水。

Davidoff 大卫杜夫冷水女士香水

绿色香水

小清新妹子的首选，被设计成绿色的香水常常带有森林和大自然的气息，适合森女和性格无拘无束的妹子使用。

代表香水有Chanel绿色邂逅、Annasui许愿精灵香水、爱马仕尼罗河花园女士持久清新香水。

Annasui许愿精灵香水

黑色香水

个性、性感、神秘、有吸引力，适合个性比较强的妹子，也同样多用于男士香水中。

代表香水有Chanel香奈儿、NOIR黑可可香水、范思哲黑水晶之魅女士香水。

Chanel香奈儿可可小姐黑色香水

不同香水瓶设计的不同含义

带有蝴蝶结、花朵、钻石设计的香水瓶

通常是花香果香的香水，给人以可爱、温柔的印象，适合清纯可爱的年轻萌妹子。

代表香水：Miss Dior花漾甜心香水、蔻依女士淡香氛、Marc Jacobs马克雅各布Daisy小雏菊清新女士淡香水、华伦天奴华伦蒂娜花样佳人香水。

蔻依女士淡香氛

瓶身设计较圆润

一般是比较柔和的香水，适合温柔优雅的女生。

代表香水有Lanvin光韵女士香水、Hermes橘彩星光女士香水、娇兰爱朵淡香氛。

娇兰爱朵淡香氛

瓶身设计带有曲线

这种设计往往与女性的身体线条有关，带有浓厚的女人味。

代表香水有Dior真我香水Giorgio Armani CODE阿玛尼印记士香水。

Dior真我香水

娃娃、圆点等卡通形象的香水

适合活泼的年轻妹子，味道也较为甜腻，适合萝莉型的妹子。

代表香水有原宿娃娃系列香水、TOUS TOUCH金色亲亲小熊女士香水。

桃丝熊亲亲桃丝熊淡香水

正确喷香水的方法

电影等文艺作品里常常将喷香水描绘得非常浪漫，所以妹子们喜欢将香水喷到身体前方的空气中再走进去，仿佛淋"香水雨"一般。但是这种喷香水的方法并没有多大好处，因为没有直接接触到皮肤，只是接触到衣服，所以香水前调的味道会拉长，而且有些珍贵的衣服面料例如羊毛呢和真丝，如果直接接触香水会导致变色并且被损坏，不小心喷到首饰上也会对首饰造成损害。更不好的是有可能会接触到皮肤、眼睛等敏感的地方，造成不必要的伤害。所以香水还是应该直接喷在皮肤上，喷洒的点越多，香味越持久，全身涂抹5点就正好：一般为耳后两处、脖颈一处、手腕两处。这些地方都是身体上温度较高的地方，可以更好地散发香水味。

有些浓烈的香水因为亚洲人的体味没有那么重，所以并不能喷得太多。怕气味浓重熏鼻给人不礼貌的印象时，可以将香水喷到腰部以下，例如腰部、膝后、脚踝等部位。

Chapter 05

会美发的女人更美丽

先提一下漂亮的头发的重要性，一头柔顺blingbling闪着光泽的头发是女神的名片，要漂亮一定要从"头"做起。曾经在韩国旅游，发现韩国人确实非常重视外表，每个人都干干净净，连在首尔挤地铁的留着地中海发型的大叔都把头顶那几束毛梳得整整齐齐。而韩国本地的女生和欧巴们的头发真的非常干净，并且欧巴们没有一个是不用发蜡的。

　　家里的房子曾经租给一个韩国姐姐，姐姐跟我说她每天早起后会花大概2小时的时间完成从洗澡、洗发、刷牙、洗脸、化妆、穿衣服等一系列的步骤。我不要求你早上洗澡洗发化妆穿衣服，只希望你不要头发油腻腻地出门就好，头发油腻腻的看起来真的很脏，尤其是如果带着一股头油的味道，更让人觉得脏兮兮而产生不好的印象。据调查，男生最不欢迎的形象之一就是油腻腻的头发，尤其是刘海粘在一起。

　　我在煮饭的时候从来都是尽量套着浴帽的，避免头发有异味。

　　总之，拥有保持干净的头发对于女神的形象来说是非常关键的。

　　我是天生的细软发质，加上遗传妈妈的脱发，所以用过大大小小各种牌子的洗发水，高中的时候发质特别差，常常会纠结到一起，梳都梳不开，有一次甚至把塑料木梳的齿子给拉断了几根。我的头发和稻草没什么两样，以至于我在高中一度短发（这点要提一下，女神几乎没有短发的，除了像孙俪那样脸型和气质与短发特别搭的女神，不得不承认男人都喜欢头发黑长直的女孩子）。上了大学一度狂爱日系发型，大学前三年就没完没了地折腾，几乎每两个月染一次头发。

　　直到有一天我顿悟了，突然发现黑发是如此的美丽，如此给气质提升几度逼格，我不是不倡导染黄发棕发，尹恩惠和全智贤在韩剧里的棕色头发很有时尚气息，但是突兀的长出来的发根很难处理，染发剂不仅刺激头皮还让你的发尾变枯燥，看起来真的很low（低端），不要相信刚染完头发那点顺滑和垂感，过了一周你再看看你的发质被染发剂折腾成了什么样子。中国人的黄皮肤还是最适合黑色头发。

　　自从领悟到这点，我就染回了黑发，开始吃黑芝麻，用护发油、发膜等等，经常剪发尾。头发一定要勤修剪，不仅可以剪掉分叉的发丝，还可以让头发长得更快。现在我经常被人夸发质好，或许原因就在于此。

曾经喜欢染发导致发质
变差的我

减少染发次数注意保养头发一年
后的我，发质明显改善了很多。

洗发水真的要用无硅的吗

　　最近这几年有一种很流行的关于含硅洗发水的说法：含硅油的洗发水会堵塞头皮毛囊导致脱发和发质油腻，所以一定要用透明无硅的洗发水，这样头皮才能健康。在众多的洗发水中，含有硅油的洗发水都是不透明的，不含有硅油的洗发水都是透明的。于是现在几乎所有的透明的洗发水都销售火爆，各个大小美发品牌也都陆续推出了透明的号称无硅的洗发水。然而，洗发水添加了硅油就真的这么可怕吗？

　　首先我们要知道洗发水和洗发露为什么要添加硅油。

　　我们都知道人的每一根头发都是由毛囊生长出来的，就像我们在电视上看到的洗发水广告那样，在显微镜下面我们的头发丝表面是由毛鳞片所覆盖，正常的情况下头发毛鳞片是闭合的，当我们洗头发时接触到水，发丝的毛鳞片会自然张开，如果洗发后没有好好护理让毛鳞片重新闭合或者经常去理发店让头发频繁地烫染，毛鳞片就会处于受损甚至不平整的状态，我们的发质看起来就会很糟糕。硅油是一种无色无味的添加剂，硅油接触到头发只是相当于一种润滑剂和填充剂，会抚平头发的毛鳞片让毛鳞片顺滑，减少摩擦达到顺滑的目的，让我们洗发后感到发丝变得顺滑了。我们平时用的发膜和发油大部分都是利用这个原理来护发的，大部分洗发水含量非常少并不是整瓶都是硅油那么可怕，而且硅油虽然能在皮肤上形成一层疏水膜，但还是会让头皮透气，不会堵塞毛囊导致长不出头发来，所以并不用担心硅油会残留在头皮上造成毛囊堵塞，只要平时用护发素、发膜一类硅油含量高的护发产品时不要涂在头皮上就可以了。

　　如果真的要选择无硅油的洗发露才会安心，那么无硅油的洗发露也一定要选好选对，不是所有透明的洗发露都好用都让你不脱发，头皮健康，洗发

科颜氏氨基椰香洗发啫喱

产品的表面活性剂也很重要，不合适的活性剂更会刺激娇嫩的头皮，也会有头皮屑和脱发问题的出现，所以如果一定要选择无硅洗发水，更温和，性质最好选择以氨基酸作为表面活性剂起泡成分的洗发水，例如科颜氏的氨基酸洗发水。

　　我平时不会特别纠结于到底是用透明洗发水好还是不透明洗发水好这个问题上，只要洗得干净并且不会导致出发屑（有的时候出头皮屑要看头皮屑的大小，如果是小细屑说明是因为头皮太干燥了，这段时间不要太频繁地洗头发）和脱发的就是好用的洗发产品。

推荐几款洗感不错的洗发水

爱茉莉美妆仙洗发水（韩国）

　　这款韩国的洗发水主打滋润修复，适用于受损伤的发质，非常容易起泡，洗感较好，而且洗后可以保持很久不出油，价格属于平价，很便宜，性价比非常高。第一次用到这个洗发水是在首尔的一家五花级酒店，因为觉得洗后头发特别好又不会很快出油所以从超市带回来几瓶给朋友，大家都非常喜欢它，对它的评价很好，而且它里面带有亮晶晶的亮片，会增强头发的闪亮效果，是一款适合大众的每日用的洗发水。

爱茉莉美妆仙洗发水（韩国）

施巴PH5.5洗发露（德国）

　　一直都很喜欢德国的这个牌子，其理念是让肌肤保持酸碱平衡，达到PH5.5的最佳值。这款洗发露呈透明状，缺点是不容易起泡，用量稍微大一些，没有较大的香味，但是可以保持头皮的酸碱平衡，达到最佳状态，洗后也不会导致脱发。有三个款式可以选择，分别适用于油性、中性、干性发质，我一般都是买大瓶装作为每天使用的洗发露。

施巴PH5.5洗发露

LG润膏（韩国）

LG润膏

反复经过蒸、干各九次，提取名贵中草药的浓缩精华的洗护合一的洗发产品。其实我偏爱韩国的洗护产品是因为韩国人真的很重视护发，而且产品性价比一般都比较高。这款在韩国属于层次较高档类的洗发露，曾多次获奖。因为是浓缩的，所以放一点点就可以起很多泡。另一个值得表扬的是其香味与chanel的coco香水味道一模一样，洗发的时候很有幸福感。

吕洗发水（韩国）

这款洗发水在韩国是非常有名的，几乎每个超市都有卖，算是韩国经典的洗发水了，不同颜色的吕洗发水代表不同的功效，主要是中药的几种人参成分，会镇定头皮，可以利用其中的中药成分促进头皮血液循环而生发，每次洗完头浴室都飘着一股很正的中草药味道，我非常喜欢。吕洗发水一共有五种颜色，我更加喜欢黑吕，因为黑吕是生发和增强发丝效果最好的。

黑吕洗发水

美发小道具
——爱护自己的头发要有处女座的精神

大S曾经在自己的书里面写到因为很爱惜自己的一头秀发所以从来不让男朋友碰自己的头发，听起来虽然有些夸张，但是要保护好自己的头发就真的要有处女座那种一丝不苟的精神，坚持爱护你的头发，总有一天你的头发会被你养得光滑水润，人人羡慕，除了生活中注意在洗发前梳头，减少染发烫发绑发的次数，我还经常会用一些小道具和护发产品来养头发保护头发。

真丝枕巾

不论真丝枕巾买多贵的，一定要有一块，因为晚上睡觉的时候我们压着头发并且一直让头发和枕头处于摩擦的状态，这也就是为什么前一天在发型屋吹得美美的头发第二天早上起来就变得像爱因斯坦那种发型了。买一块真丝枕巾不仅可以美容，而且最主要的是真丝光滑的表面会减少头发和枕巾的摩擦，使头发第二天不那么毛糙，还可以减少脸部皮肤和枕巾的摩擦，更可以防止皱纹。这种真丝枕巾价格不贵，叠起来也是小小的一块，出差旅游的时候尽量带着它，既方便又卫生。在洗涤真丝枕巾时注意用专业的真丝洗涤剂，不要阳光直晒，可以延长它的寿命。

护发油

左：爱茉莉美妆仙护发油（韩国）
右：大岛椿山茶花籽油（日本）

我平时喜欢在吹头发之前涂一层护发油来减少吹风机的热气对头发的伤害，记住护发油要滴2~3滴在手心里，将双手合拢互相搓热后，再轻轻从上往下顺着毛鳞片生长的方向揉进发丝里。护发油一定要用含天然油分的，这样头发才会吸收得好并且不油腻。韩国的牌子我推荐美妆仙的Perfect护发油。这款护发油曾经在韩国的美容大赛多次获奖，含有浓缩阿甘油成分，物美价廉又好用。LG家的蓝瓶Elastine更加便宜，属于高浓缩的营养发油，用起来头发也很闪亮。日本的牌子我推荐大岛椿护发油，山茶花籽油具有非常容易被人体皮肤和头发吸收的特点，曾经获过无数次冠军，真正做到头发顺滑。因为是纯油脂成分，所以用起来涂抹的量不能太多，但是正因为它是纯油脂成分，所以就不会含太多的化学添加物，用起来会很安心。

左：Tangle teezer便携梳
右：Tangle teezer天使梳（英国）

护发梳

护发梳我建议身边带一把，家里放一把。推荐这里火遍美发界的Tangle teezer。

梳子确实很好用，不会掉很多头发，梳起来比较温和，特殊的梳齿设计使得梳头发的时候不会过度拉伤头发，我会随身带一把在身上，另外一把天使梳放在家。我还有一把桃木质的宽齿木梳，用来晚上睡前梳头按摩头皮用，每天晚上用木质的宽齿梳子多梳几下，不仅可以促进头皮血液循环，防止掉发，促进生发，还有舒缓神经的作用，睡觉质量会更加好哦！在这里教给妹子们一个出门让头发香香的诀窍：将香水喷在梳子上然后再梳头发，会让头发持久散发出香味，可以保持一天之久。

让发香持久的小秘诀：
香水喷在梳子上后梳头发

AUSSIE三分钟奇迹发膜保湿款（美国）

发膜

　　发膜和护发素中都含有润发的油脂成分，而发膜显得浓稠的原因是它含油脂成分较多，所以相对护发素来说就比较难冲洗。在使用发膜前用手掌搓热会有更好的吸收效果。如果头发受损严重的话可以拿发膜当做护发素天天使用，记得涂抹的时候不要碰触到头皮。

　　用过最好的性价比又很高的牌子是美国Aussie三分钟奇迹发膜保湿款，这种护发素的瓶子是挤压式的，很方便，发膜洗掉后不黏腻，保湿效果非常好。使用的时候一定要让头发保持干燥，在洗发第一步后擦干头发再上护发素，越是干燥的头发对发膜的营养成分吸收得越好，这样无异于自己在家做护发SPA。我们使用护发素的时候经常有误区，就是经常湿着头发涂抹护发素，实际上这样头发不会很好地吸收营养。敷完发膜后起码需要15分钟以上的时间让发丝吸收营养，我一般是在洗澡的时候进了浴室先洗头，将头发擦干再上护发素，然后再去刷牙、卸妆、洗脸，进行其他的清洁步骤，在最后一步才去冲洗掉发膜或者护发素。

干洗喷雾

Batiste免洗喷雾原味（英国）

　　这是懒妞们的神器，在懒得洗头发的早晨或者因大姨妈造访不方便洗头发又想保持头发干净清爽的时候，选择它准没错！这款干洗喷雾里面含有植物性的干淀粉，附着在头发上可以自动吸附头发上的油脂，既安全又方便。注意在使用时不要距离太近，否则喷不均匀头发就会发白，均匀地喷到头发上后要用梳子梳理一下。但是这只是一时的应急神器，我们还是要及时洗头发，因为不管怎样，头发上附着淀粉加上灰尘油脂，如不及时洗干净头发会影响头皮和毛囊的健康。

起泡瓶

大家都知道洗发露一定要充分起泡才能不刺激到头皮，但有的人懒得费时间搓泡沫或者担心泡沫起得不够充分。这里有一个懒人福利——起泡瓶。顾名思义，就是将洗发露倒进去根据情况兑进干净的水（最好是蒸馏水）使劲摇晃，挤出来就是像慕斯般细腻而丰富的泡沫啦。同样，起泡瓶还可以用于洗面奶，但是要注意不要一次兑太多，以防泡沫变质或者产生细菌影响皮肤的健康，起泡瓶也不能起泡太过黏稠的液体，否则会堵塞起泡管。

DAISO大创起泡瓶（日本）

发用喷雾

我推荐的这款叫做"花王LIESE果汁瞬间柔顺魔发水"，瓶内的液体分为两层：第一层是护发乳霜，下面一层是护发水。使用前摇一摇，两层就混在一起，特别易吸收。最可爱的是它的香味，非常像水蜜桃汁的味道，喷的一瞬间会被sweet（甜）到。出门前喷一喷再梳头发会非常顺滑哦。

花王LIESE果汁瞬间柔顺魔发水（日本）

男生一般都喜欢女生的发香，除了前面推荐的利用香水喷在梳子上来保持发香，还有专门的发香喷雾可供选择。

Chanel的Chance非常受欢迎，但是其价钱并不便宜，对于既想享受到奢侈的chanel香水味又不想花太多钱的妹子，我推荐chanel出的几款发香喷雾，价格仅相当于香水价格的三分之一，有chance和coco小姐还有经典的NO.5，香水瓶也不失品位，性价比极高，推荐使用。

Chanel Chance邂逅清新发香雾

护发营养胶囊

这是一种膳食补充剂，品牌是法国著名的护发品牌PHYTO（发朵）。这个胶囊是专门针对爱脱发落发人群补充营养的胶囊，主要的营养成分为维生素B_2、B_5、B_6、B_8、维生素C、维生素E、玻璃苣油、锌元素、深海鱼油、酵母和DHA等，是很多明星的选择。有一阵子由于熬夜睡眠不足，我脱发比较严重，自从吃了几天这个胶囊后，我的落发就明显减少了，一个月后发际线那里生长了很多小碎发，而且这款胶囊还有强化指甲的作用。

PHYTO（发朵）防脱发胶囊（法国）

五谷杂粮的美发奇迹

黑芝麻药食两用，具有"补肝肾，滋五脏，益精血，润肠燥"等功效，被视为滋补圣品。黑芝麻具有保健功效，一方面是因为含有优质蛋白质和丰富的矿物质，另一方面是因为含有丰富的不饱和脂肪酸、维生素E、珍贵的芝麻素及黑色素（以上资料来源于互联网）。

我曾经大概吃了半年的黑芝麻，没有什么别的特殊方法，就是把芝麻糊当早餐喝，再加个水果就是非常完美的早餐啦。我还买那种纯手工黑芝麻片当零食吃，很好吃而且方便。另外黑芝麻含油量大，热量会比较高，所以不要吃太多片哦！推荐香港多多牌芝麻糊，黑芝麻成分较高，冲出来极似香港糖水店的手工芝麻糊而且不甜腻。

另外，我经常吃坚果类例如核桃和巴旦木等，可以放进早餐里吃，核桃不仅美发而且丰胸健脑，是个好东西。不要吃那种用盐炒过的坚果，口味太咸，对身体循环代谢不好，容易造成水肿，一定要买生的或者熟的未经加工没有味道的核桃哦。

平时我会随身带一个小药盒，专门装几种不同的坚果当零食吃，一般的坚果类都有丰富的纤维，饱腹感非常强，可以选择在两餐中间吃或饭前吃，减少正餐的食欲。

我们都知道越粗糙的食物身体就会花费越多的热量去消化它，所以越精细的食物消化得越快越不利于瘦身。

平时随身携带用来装坚果的药盒

巴旦木（别名巴旦杏）

巴旦杏营养价值很高，营养比同重量的牛肉高六倍。据化验，仁内含植物油55%－61%，蛋白质28%，淀粉、糖10%－11%，并含有少量胡萝卜素、维生素B_1、B_2和消化酶、杏仁素酶、钙、镁、钠、钾，同时含有铁、钴等18种微量元素。巴旦木是维吾尔人传统的健身滋补品，有人每天睡觉前细嚼十余粒，开水冲下，长期食用，夜间能通宵熟睡无梦，身体抵抗力显著增强，变得身强体壮。

鹰嘴豆

鹰嘴豆属于高营养豆类植物，富含多种植物蛋白和多种氨基酸、维生素、粗纤维及钙、镁、铁等成分。此外籽粒中还含有腺嘌呤、胆碱、肌醇、淀粉、蔗糖、葡萄糖等。其中纯蛋白质含量高达28%以上，脂肪5%，碳水化合物61%，纤维4%~6%，还含有10多种氨基酸，其中人体必需的8种氨基酸全部具备，而且含量比燕麦还要高出2倍以上。

黑豆

研究表明，黑豆具有高蛋白、低热量的特性。黑豆中蛋白质含量高达36%－40%，相当于肉类的2倍、鸡蛋的3倍、牛奶的12倍；黑豆含有18种氨基酸，特别是人体必需的8种氨基酸；黑豆还含有19种油酸，除能满足人体对脂肪的需要外，还有降低血中胆固醇的作用。因此，常食黑豆能软化血管，滋润皮肤，延缓衰老。特别是对高血压、心脏病等患者有益（以上资料来自互联网百度百科）。

平时我喜欢吃用铁锅炒制的绿芯黑豆，因为这种黑豆不仅热量不高而且又不上火，至于超市卖的油炸类坚果例如蚕豆、花生之类不建议在瘦身期间食用。

脱发与断发的护理

    现在由于不当的饮食和生活压力过大甚至是水污染等原因，我们的脱发断发问题越来越严重了。最近几年身边的很多妹子都和我说，一旦留了长发洗头发和梳头发的时候就会大把大把掉头发，尤其是在洗头发的时候，看着都很心疼。如果头发本身又薄又少，再加上没有养护好而枯黄，看起来就会又low（格调低）又屌丝，离女神形象越来越远了。其实脱发的原因有很多，我们只要找到导致脱发的原因然后再去解决就好，一般在年轻的女生中，生活作息和内分泌原因居多，基本属于女性

弥漫型脱发。除了前面提到的食疗，还有一些治疗弥漫性脱发落发的护理小撇步，如果能做到的话脱发问题基本都会解决，但是如果脱发问题特别严重，过敏、斑秃或者严重的脂溢性皮炎导致落发的就要去医院就诊，及时治疗了。

饮食保持清淡，减少油脂的摄入。一般来讲，头皮爱出油，和吃的食物油腻也有很大关系，尽量减少油炸和辛辣、油脂含量高的饮食。

洗发时要注意在洗发前将头发梳顺再去洗头，以免在洗头发的时候发丝纠缠在一起而拉扯到发丝。前面也讲到洗发露一定要充分起泡才不会刺激到头皮，洗发的水温一定不要太高，首先将头发充分浸湿后再将充分起泡后的洗发露接触到头发，要先接触到发丝然后再一点一点将泡沫揉过去接触到头皮。洗发时一定要动作轻柔，不要用力拉扯头发。洗发后要先用毛巾按压头发，而不要粗暴地用毛巾拉扯头发用擦的动作（毛巾最好选用吸水性好的专用干发毛巾，这样可以快速吸干头发上的水分）。

将头发擦干后应该马上用吹风机吹干，不用吹风机的习惯其实是对头皮非常不利的。要将吹风机调到中等的温度，风量调到最小，尽量保持吹出来的风温度低并且温和。吹头发时不要让吹风机离头皮太近，如果吹发时觉得头皮被吹得刺痛就说明吹风机离得太近了，应保持10厘米以外的距离，否则会让娇嫩的头皮受到伤害。吹头发的顺序是先头皮后发丝，因为头皮如果太过潮湿的话会影响头发的健康。吹头发的时候要不停地拨弄头发，使发丝受热均匀，更加容易吹干。

洗发的频率：长时间不洗头对脱发的护理是非常不利的，因为头皮分泌的油脂过量会导致脱发问题更严重。我在夏天炎热的时候每天都会洗头，在冬天比较寒冷的时候会2~3天洗一次头发。雾霾天气比较严重的话我也建议每天洗头，因为脏空气会带来很多灰尘到头皮上，影响毛囊的健康。如果方便的话可以在雾霾天出门戴帽子，尽量减少头皮与受污染的空气的接触。

减少烫染次数，总之就是尽量少烫染。因为不论是烫发还是染发都会对毛鳞片产生很大的损伤，染发剂的化学成分对头皮更加刺激，可能会导致脱发断发现象更加严重。

定期修剪发尾，不要留太长的头发，因为头发长到一定长度发尾会分叉出现断发现象。如果一定要留长度至腰的头发那么就要定期修剪。我在留长发的时候就会一个月修剪一次发尾，因为不喜欢剪分叉就会直接将发尾剪掉，这样反而会让头发长得更快，发质更好。有舍才有得，只有舍得剪掉糟糕的头发才会生长出新的更加丰盈的头发来。如果头发有严重的分叉现象建议立刻剪掉，因为分叉不仅会影响头发的质感，也影响发丝的生长，剪掉了分叉后还会继续生长分叉，还不如一次性修剪掉。

Chapter
06

学会穿衣才有女神气场

是你在穿衣服还是衣服在穿你

在很多妹子的心目中，女神就是应该穿着长裙，搭配累死人不偿命的高跟鞋和名牌包包的形象。可是一万个女神有一万种形象，在我心里，每个女孩子在搭配最适合她的衣服、鞋子和包包的时候才是她最女神最美丽最性感的样子。

女神未必是身材高挑拥有"维多利亚的秘密"中的模特一样的身高，娇小的女生有娇小女生的可爱，穿短裤短裙一样可人；女神也未必是穿文艺的白布裙子和帆布鞋才能拥有脱俗的气质，喜欢运动范儿的女生穿着球鞋戴棒球帽照样气场逼人。从小到大我身边的女神不仅厉害在有自己的穿衣风格，还厉害在真正会驾驭属于自己的风格的衣服。

在形成自己的风格之前，要充分了解自己是什么样的气质，适合穿什么样的衣服。这样才不会被衣服所左右，coco chanel 说过一句人尽皆知的名言："时尚永不停息，而风格永存。"（Fashion passes, style remains.）

时尚总在不停地改变，每季都有无数的时装周，可以看到有无数的新款供我们挑选，但是适合你的风格只有一种，抛弃那些某宝爆款和明星同款吧，你要学会挑衣服，去真正地穿衣服，让衣服衬托你的气质，突出你的形象。

穿衣服要有高衣品

身边的很多女生都喜欢去小店淘衣服，小店的衣服总是时髦一些便宜一些，紧跟最新的时装潮流。但是因为价格便宜，所以往往这些衣服在布料的选择上就偷工减料，衣服只有形而没有神，远处看款式不错，近看细节都是线头或者走线不均匀，会给人一种非常廉价的感觉，即使穿衣品位再好，整体感觉也会low下来。

一个人要想穿衣服达到心目中女神标准的效果，就要追求衣服的"神"。

所谓的"神"就是一件衣服的灵魂，一件衣服的质感。Burberry的（博柏利）风衣为什么那么经典？因为其每个细节、每道剪裁都是注册过商标的，我建议每个女孩无论买得起或者买不起Burberry的都去摸一摸它的料子，试试它穿在身上对身型的塑造。风衣的料子既挺拔又有型，剪裁精致又立体。即使过了一个世纪仍然不会改变它的经典和风采，这就是质感和剪裁带给一件衣服的灵魂。

所以即使没有很多钱，也不要把买衣服的钱都投在街边小店或者某种潮流爆款上，不如花几千元买一件剪裁精良保养得好的可以穿很多年的大衣，也不要每周都收到装在包裹里带满线头和扣子脱线的几十块钱的衣服。算下来成本几乎差不多，为什么要给别人的第一印象总是廉价又没品位的呢？

在这里给想要追求高衣品的妹子们几条建议：

◎家里必备一台挂烫机

手持的也好，带滚轮的座式也好，确保每天出门时衣服不带褶皱，挂烫机是一个打理衣物的好帮手，可以让衣服变得平整。就算料子再不好的衣服，一旦平整了也是会给人感觉加分的。

◎衣服不要带有异味

出门吃火锅和烧烤类烟味大的东西时，有外套的请把外套用塑料袋子包好，里面要穿当天就可以马上洗的衣服，不要因为一身羊肉串儿味或者炸鸡的味道影响了你的女神形象。在这里教一个怎样给衣服去掉异味的小妙招：将衣服挂在通风处，用小瓶子装满稀释后的柠檬水喷在衣服上，挂一晚上就不会有味道啦。

◎面对旧衣服要有舍有弃

总是冲动买一堆衣服回家没穿过几次，攒了好几年又不舍得扔，每到换季的时候面对你的衣橱开始不知道怎么办，这个时候就要学会有舍有弃，知道什么该留在衣橱里，什么该及时处理掉。如果是比较经典的款式而且保养得较好或者质量非常好的衣服例如条纹T恤、牛仔衬衣、牛仔裤、学院风羊毛大衣等就可以继续留下它们。因为潮流总是几年更替一次，例如我高中的时候买的一件很精致的圆点桑蚕丝围巾，有一天在大牌当季新品中看到和它几乎一模一样的"同款"，当时就有一种成就感。如果你本来就是因为一时冲动而购买了某款衣服，请大大方方送给需要它的人吧，因为我相信你舍不得的只是当时花的钱，而你再去穿它的几率将很小很小。掉颜色了，起毛球了，再怎样熨烫还是变形得回不去了的衣服趁早扔掉吧，你需要更多的空间来放置让你显得更神采飞扬更女神的衣服。

露就要露对的地方

这里要纠正一个错误的观念，就是什么是性感，在我看来，一个女人散发出来的性感并不是她露多少，而是她整体的气质和形体散发出来的魅力。就像一个身材好前凸后翘气质佳的模特，即使她全身裹得严严实实，我们也能感受到其散发出来的性感。性感不等于露，而且在我们的文化看来暴露在某些程度上等于低俗。女神气质高贵在于遮而不在于露，现实就是女神即使露一截脚腕也会让男人浮想联翩，而女屌丝露再多也只会让人觉得肉感而非性感。

露，一定要露对地方，露得巧妙。我经常建议妹子们多多照镜子，多多拿尺子量自己的身体，对自己的身材有一个掌握。例如你的腿是比较纤细的，那么就多穿短裙和短裤，少穿丝袜，多露健康的腿；腿细的话鞋子的选择也比较广泛，长靴和平底鞋都可以驾驭，多让别人的视线转移到你的腿上来。如果你的腰很纤细，那么就多穿能显露腰型的衣服，例如高腰裙和收腰的外套等。我们有时候会发现有些艺人造型都是如出一辙，小S总是穿短身无袖的连衣裙，因为她胳膊细而且有曲线；范冰冰总是穿长裙，很少见她穿裤子，因为她的臀部和大腿形状并不是很完美，穿长裙反而让她看起来更加女神。

所以穿衣服一定要聪明，露一定要露对地方，扬长避短是最好的选择。

找到最适合你SIZE的衣服

我们现在逛商场所买的衣服，有X-SMALL（加小）、SMALL（小）、MEDIUM（中）、LARGE（大）等尺码，基本上都是服装设计师在生产时根据人体模型来做的，只是简简单单地将我们的身材分成了几个SIZE（型号），然而每个人的身材都不一样，有的人腿围粗，有的人上半身偏胖，有的人腹部比较突出。简单的几个模型并不能代表所有，所以有的裙子腿长的人穿着就会短，有的衣服可能肩膀正好胸围却小，有的裤子腿围正好腰就会宽松。最好的衣服实际上是定制的服装，需要服装设计师亲自给量尺寸定做，这就是为什么奢侈品的服装高级定制线那么昂贵和遥不可及了。

一般欧美牌子的衣服码数都偏大，因为欧美人身型比亚洲人高大，肩线也会设计得比较宽，裤子也会偏长，在购买欧美服装的时候要注意根据自己的穿上身感觉来购买，不要根据自己一般的尺码进行挑选。而日本牌子的衣服一般只有SMALL和MEDIUM两个码数（一般称1码和2码），因为日本女孩子多数身型娇小，而且衣服长度普遍偏短，个子高的妹子在买日本牌子的衣服时就要注意衣服袖子和裙摆是否太短而不美观了。

这里有一个重要的建议，就是我们在挑选衣服的时候一定要找到最适合自己的衣服，一定要多试。女生都爱逛街，逛街的时候如果遇到感觉不错的衣服一定不要嫌麻烦，要多试，多拿几件衣服不停地试，这样才能发现自己究竟适合什么样子的衣服。如果自己拿不定主意，可以对着试衣镜拍下穿不同衣服的照片让朋友或者家人评价哪种款式适合你，哪种颜色显得你气色好。或者如果发现了某一类的衣服都比较适合自己，那么就可以多买几种颜色，或者不同的材质。例如我的肩膀比较圆，适合穿剪裁比较立体的机车型小外套，我就有很多类似的衣服，比如不同颜色的皮衣机车外套、棉布材质的机车小外套和牛仔材质的小外套等。

必buy①的万能搭配基本款

无论是教你穿衣的博主、万能的淘宝或者无时无刻不在更新潮流信息的时尚杂志，提到衣服都会离不开"百搭"两个字。曾经有一个说法，说女生不停地买衣服是因为买了一件上衣又得买一件裙子和它搭配，后来发现又得买一件外套和包包才能搭配出彩，最后还得加一双合适的鞋（希望每个女孩子都不要冲动购物，在买一件衣服之前要想好这件衣服至少能和3件自己衣橱里的衣服搭配，不然就不要去买），这样钱在不停地花掉，却只能有一套衣服可以穿，多么不划算，所以我们有了万能的"百搭基本款"衣服。这些衣服可以跟着当季最时髦的衣服一起搭配，价格不妨贵一些，要挑剔一些，面料和剪裁一定要精致。

◎你一定要有一件呢子大衣

呢子大衣一般是羊毛的，在选购大衣的时候记得看衣服内里的水洗标，上面有对这件衣服保养的全部信息。含量50%以上的羊毛含量算是比较好的料子了。羊毛含量越多的料子越不容易起球，保暖效果越好，衣服越轻薄，最有名的大衣MAX mara一般含毛量都在90%以上。一件合适的大衣可以提升女人的气质，尤其是剪裁得当、颜色得体的大衣。在冬天披上这件暖融融的外套，你是最优雅的女神。驼色是最稳妥的颜色，可以和任何颜色搭配而不会抢风头，而且驼色是最显得衣服昂贵的颜色哦。黑色大衣更加显瘦一些但是会显得比较沉闷，浅色例如BABY蓝，橘粉也可以尝试但是并不很好搭配，所以驼色和黑色是最稳妥的颜色。

◎你一定要有一件风衣

如果说大衣的面料比较重要的话，那么对于风衣来说剪裁是最重要的。一般我们会发现越复杂的剪裁，被剪开然后缝合成一件成衣衣料的片数越多，这件衣服就

注①：标题中Buy，即"买"的意思。

95

越立体，所以我们在选择风衣的时候要注意它的剪裁是否精致，衣料被剪裁的片数是不是比较多，精细的剪裁穿起来更立体，让你更显瘦。风衣有长有短，可以和几乎任何风格的衣服搭配，光腿穿高跟鞋风情万种，牛仔裤与平底鞋搭配简洁干练，搭配裙子露出裙边又很小女人……总之是不能再百搭的了。风衣和大衣一样，最经典的颜色也是Burberry的驼色，其实藏蓝色也是一个百搭的颜色，既显瘦又不沉闷，不过这要看具体穿在不同人身上不同的效果。

◎你一定要有一条牛仔裤

每个人都会有很多条牛仔裤，我在这里指的是你一定要有一条剪裁最适合你的牛仔裤。众所周知，牛仔裤是最显翘臀腿细的，而且牛仔裤品牌和种类也是成千上万。牛仔裤的面料和剪裁大有学问，有很多人热爱牛仔裤，热衷于"养牛"（即经过长时间的穿着让牛仔裤的颜色和形状达到最适合自己的状态），那是对牛仔裤有非常高的热情的，值得学习。然而对不懂"养牛"的妹子来说，最好的方法还是多去试穿，挑选到一条适合自己的牛仔裤，穿上要显得腿更细、臀部更翘。好好保养的话，能穿很多年，即使再贵也是值得投资的。

◎你一定要有一件条纹衫

条纹衫是最经典的内搭圣品，以蓝色、藏蓝色的条纹衫为最经典，无论配什么都不过分，可以做任何外套的内搭，条纹会显得脸色、气质清爽又干净，这种海军的感觉更是减龄的法宝呢。

◎你一定要有一双不透肉的丝袜

透肉的丝袜已经被列为恶俗的代表（尤其再加上一条牛仔短裤再配鞋……），所以首先丝袜不能买透肉的，透肉丝袜的恶俗不必多说。而在搭配上我的建议是

TUTUANNA 发热打底袜 200D（日本）

能不穿丝袜尽量不穿丝袜，展露出一双美腿是最好的，因为露腿会给人一种非常青春的感觉，但是有的时候天气冷或者腿部肉肉松垮或者想显得更瘦，我们就需要一条黑色丝袜来作为搭配。第二是不能反光，丝袜本来就容易给人一种廉价的感觉，反光的话更会显得廉价，而且会显得腿部更粗。

日本很流行一种可以发热的黑丝袜，我们知道日本的妹子们都喜欢露腿，当然日本的冬天也并不暖和，日本妹子们还能冬天依旧穿着丝袜的秘密就是她们穿的是自己发热的丝袜。我们在更冷的日子穿裤子的时候更可以选择厚一些的发热丝袜穿在里面代替秋裤，这样既保暖又显瘦。

◎你一定要有一件机车外套

机车外套可以搭配碎花裙子扮田园淑女风，硬朗的设计会中和碎花的柔弱感，让整体更加活泼；机车外套还可以搭配牛仔裤长靴，看起来干净利落。无论是皮质的、牛仔布的、棉布的机车外套都可以时髦百搭又显瘦，是万年流行的款式。利落的剪裁会收紧上半身，看起来又瘦又有型。

穿衣显瘦秘密大公开

怎样穿衣服显瘦永远是妹子们最关注的问题，不同的衣服搭配在一起效果也不同，而不同衣服的材质、长度、颜色甚至颜色的搭配都会营造出不一样的效果，这也就是穿衣服的乐趣所在。我总结了几个穿衣显瘦的搭配原则，旨在显得身高腿长，拉长整个的身材比例。

◎无论如何也要腿长原则

腿一定要看起来长！不管是任何搭配，想要显瘦显高挑，就一定要露出一双长腿，我们很少有模特那样"肚脐眼下面都是腿"的身材，普通的我们拥有普通的身材，普通的腿长，但是搭配可以改变一切，一起学习几套显腿长的搭配吧。

搭配A：黑色高腰裙+黑丝袜

高腰裙的显瘦秘密就在于让别人看不出你的腿和臀是在身体的哪个位置，给人一种腰纤细而腿非常长的感觉，达到拉长整个身材比例的效果。选择黑色是因为黑色会给人一种视觉收缩的感觉，我们都知道黑色最显瘦（但是不建议全身黑色，首先看起来沉闷；第二全身黑色和日常生活背景色产生太大的反差会更加突出身型线条，让身体轮廓更明显，反而起不到显瘦效

果）。黑色的高腰裙也非常百搭，这个时候我们再穿上黑色的丝袜或打底裤，让腿部和裙摆的颜色连接在一起，会让人在视觉上觉得瘦上加瘦！如果这个时候再选择一双同色系的黑色鞋子，那么你就是拥有无敌长腿的长腿妹子啦，而这一切仅仅因为我们巧用了让颜色连接起来的方法，巧妙地改变了身材的比例。

搭配B：露腿+裸色高跟鞋

原理和上面一样，都是利用同色系搭配连贯了颜色，拉长腿部比例，显得腿更加修长。裸色的鞋子和肤色巧妙地融合了在一起，这就是明星在走红毯的时候都喜欢选择穿裸色高跟鞋的原因！裸色鞋子无论是高跟鞋还是平底鞋，都有神奇的隐形效果，让你的腿越看越长。所以如果既想增高又不想让别人觉得你是因为穿了高跟鞋才那么高的话，就马上准备一双裸色的高跟鞋吧。

◎衣料显瘦原则

越精细的面料就越显瘦，在选择面料的时候尽量选择精细的衣料。例如粗线的毛衣就没有细线的毛衣显瘦，毛绒外套自然会显得身型膨胀，身材本来就比较壮的妹子最好不要选择毛绒外套，会显得更加厚实。我们在购买羽绒服的时候，有些羽绒服会缝成很多格子，这个时候我们就要仔细挑选，格子越大的羽绒服越显得臃肿，而格子越细小的羽绒服越显得瘦，同理也适用于棉服和棉或羽绒材质的背心等。

在颜色上，颜色越单一的衣服看起来越显瘦，众所周知，颜色深的衣服比浅色的衣服显瘦。带有印花和图案（尤其是大图案会突出身型）的衣服会显得人又胖又矮，喜欢田园风的妹子选择连衣裙、衬衫的时候尽量挑选小碎花的衣服。

剪裁上，越是直线条的剪裁越会制造出竖线条，将圆润的肩膀和身体曲线拉直，会很显瘦。我们经常会发现穿着制服（西服、军装等）会显得人既精神又显瘦

又藏肉，那是因为制服往往是直线条的剪裁，在视觉上给人利落的感觉，自然就会显瘦。在前面我们提到的风衣、西服外套显瘦的原因也是因为直线条的剪裁。

小碎花往往比大花朵更加显瘦

◎层叠拉长原则

　　穿多件搭配可以显瘦是因为在身体上能纵向拉出一条宽的线条，让人在视觉上觉得身材更瘦。这个时候我们穿外套不要系扣子或者拉上拉链，需要露出里面的衣服，这样就会有视觉上的效果，就好像外套作为背景，你只有你露出来的内搭部分那么宽，你自然而然也就显得瘦了。这个时候外套和内搭的颜色反差尽量大，会更加突出中间的拉长部分线条。在长度的选择上，外搭也要尽量长，这样可以遮挡住不尽完美的臀部和腿部。如果没有外套可以搭配，长一些的围巾和丝巾搭在身上不系起来，也会起到分解色块、营造出一个纵向的拉长线条的效果。

　　有些服装在设计的时候就会有一些拉长身体线条的设计细节，例如胸前有飘带的衣服，可以起到纵向线条拉长比例的效果，还有的衣服系扣子的边缘会有包边，也是起到了拉长线的作用。

◎一定要有天鹅般的长脖子原则

　　芭蕾舞演员一般都拥有漂亮的修长脖颈，所以她们往往看起来优美动人。无论是经典的女神奥黛丽·赫本还是当代名媛Oliva Palermo看起来都非常优雅，原因就是她们的脖子像天鹅般纤细而修长。除了瘦身和瑜伽拉伸练习等会让脖子更加修长之外，让领子更低露出更多的肌肤，选择合适的衣领以及搭配可以修饰脖子的配饰，同样可以起到修长脖颈的效果。一般简单的衣服搭配没有配饰往往会失去个性色彩，配饰不仅能起到画龙点睛的作用，还能巧妙地修饰身型，会让你更加显瘦。

V领原则

在选择打底衫、毛衣等套头服装时，要尽量选择V领（或鸡心领）。V领会显得下巴更加尖，脖子更加修长，同样的打底衫，V领比圆领和高领或者堆领让人显得更瘦更有精气神。我们还可以把V领原则运用到外套上，不管内搭是高领也好圆领也好，如果无法制造出V领的效果，就选择开衫或者系上扣子呈V领的外套，在外层制造出一个V领显脸小的效果，这样看起来脸还是小的，也会更显瘦。如果穿着圆领衫，比如圆领的T恤，可以将太阳镜挂在领子上，这样会拉出来一个V领的形状，视觉上更显脸小。

利用太阳镜将圆领T恤改造为V领T恤

◎配饰的位置

配饰的位置越高越显瘦，因为吸引目光的焦点如果在上半身尤其集中在颈部的时候，会让人显得高挑，这个更加适合身型娇小的妹子。项链、小丝巾、胸针，或者把和身上衣服颜色反差大的围巾围在颈部也都是亮点。如果围巾和鞋子或者包包的颜色一致就更好了，更加会造成一种连贯性，给人高、瘦的感觉（所以裙子和鞋子颜色一致同样也会拉长腿部比例）。

利用长项链拉长脸部

◎项链的长度

项链的长度也有讲究，越长的项链越显得颈部修长，也会给脸部下方一个"V"字的效果，就相当于制造了一个V领区域，会显得脸更瘦、脖子更长。太短的项链尤其是卡在脖子上的，会给人一种憋闷的感觉，所以在挑选项链的时候尽量选择长项链，现在的饰品大都很贴心地设计了能调整长度的链子扣，我的建议是在好看的基础上，能调多长就调多长，起到的作用就是将衣服分割出一个"V"字的区域，在视觉上显得脸小。

◎突出最纤细原则

身体哪个部分最纤细，就让它突显出来，可以用装饰突显出来或者露出来，总之把看你的人的视线吸引到这里就对了。前面也讲过这是利用了扬长避短原理，将我们身体不完美的地方遮掩住，将美丽有优势的地方露出来。每个人身上都有长得优美和不优美的地方，而这也是非常正常的，穿衣服搭配的心态不需要追求完美，而是要追求合适。前面说到一件再漂亮的衣服如果不适合你的话就算穿在你身上也不会好看，所以试之前千万不要对它抱很大希望，这就是为什么我不建议在网上选购那些对版型和剪裁要求很高的衣服。在商场和导购的建议下购买合适的款式和尺码是最好的购买方法。每个人都有不同的纤细的地方，快来看看怎么突显它吧！

√ 手腕纤细原则

手腕纤细的妹子可以穿7分袖或者9分袖，无论是外套还是连衣裙等任何一件，只要能露出最细的手腕部分就好。7分或者9分的袖子会让胳膊显得纤长而瘦弱，比同样的长袖更加显得身材比例好。手腕纤细的姑娘更可以戴各式各样的手表和手链、手镯手环，而且手腕上的饰品越夸张的对比效果越强烈会越吸睛哦！如果手指纤细的话一定要戴上美丽的戒指，或者涂上鲜艳的指甲油，会让你显得手指纤纤，更加有女人味儿。

√ 腰纤细

腰部纤细的姑娘可以尽情选择上半身比较紧的衣服，突出腰部线条。

最近几年比较流行短上衣还有露脐装，也有很多选择的空间。收腰的连衣裙和各类收腰外套也是好的选择。我个人比较欣赏带有肌肉线条的

√ 胳膊纤细

胳膊纤细的姑娘应该最喜欢夏天了，在夏天可以尽情地穿无袖衫和背心裙，总之突出你的纤细手臂，会更加吸引男生的目光哦。在秋冬时节同样可以选择马甲的款式或者针织衫，柔软的针织衫比较显身型，对于胳膊粗的妹子是个挑战，所以反过来说，胳膊粗的妹子尽量少选择柔软显胳膊形状的面料。

腰带的位置应该比较高，尤其在穿高腰裙的时候，会显得上半身更长，此搭配比较适合腰部较纤细的妹子

收腰连衣裙

腹部，看起来更加健康活泼，而松垮的肚腩在坐下来的时候会有褶子不好看。

网上有很多教人练习腹部肌肉的视频和教程可以学习，但最好不要仰卧起坐，仰卧起坐容易伤到脊柱，可以换别的方法练习，每天练一练让腹部更紧实，穿衣服会更加好看。

✓ 大腿纤细

大腿纤细的妹子可以选择高度到大腿的袜子，或者高度到大腿根部的高筒靴，可以修饰整体的线条，突出大腿处，显得更加性感。

✓ 小腿纤细

我就是典型大腿粗、小腿纤细的身材，所以我在能露小腿的时候都露小腿，因为大腿不完美所以热裤短裤都很少穿，我个人比较喜欢穿短裙，因为短裙既可以遮掩大腿的粗又可以突显小腿的细。小腿纤细的人还可以多试试长裙，能遮住PP（屁股）和大腿的长款外套对于小腿纤细的人来说也很实用。一般小腿纤细的腿脚踝处也很纤细，所以9分打底裤也是一个好的搭配单品，这个时候穿平底鞋露出脚面会让整个脚部显得更加修长有型。